W0260149

Michael Groß

Expeditionen_in_den _Nanokosmos_

Die technologische Revolution im Zellmaßstab

Springer Basel AG

Die Deutsche Bibliothek – CIP-Einheitsaufnahme
Groß, Michael:
Expeditionen in den Nanokosmos : Die technologische
Revolution im Zellmaßstab / Michael Groß. –
Basel ; Boston ; Berlin : Birkhäuser, 1995

Ursprünglich erschienen bei Birkhäuser Verlag 1995.

Umschlaggestaltung: WSP Design, Heidelberg
Gedruckt auf säurefreiem Papier, hergestellt aus chlorfrei gebleichtem Zellstoff ∞
ISBN 978-3-0348-5704-8 ISBN 978-3-0348-5703-1 (eBook)
DOI 10.1007/978-3-0348-5703-1
Softcover reprint of the hardcover 1st edition 1995
9 8 7 6 5 4 3 2 1

Inhalt

V. Anhang

Vorwort von Dr. Henry Jekyll

Als Naturwissenschaftler hat unsereiner ja viel zu schreiben. Fachpublikationen, Anträge auf Fördermittel etc. Im Laufe eines Wissenschaftlerlebens kommen leicht 200 Publikationen zusammen, in extremen Fällen können es auch an die 1000 werden. Ein gewisser Yuri Struchkov in Moskau war in den Jahren 1981–1990 Koautor von insgesamt 948 Publikationen, das macht knapp vier Tage für jede.

Geht es nach der Resonanz, so wird er jedoch von dem Aids-Forscher Robert Gallo übertroffen, der in demselben Zeitraum zwar «nur» 428 Veröffentlichungen erreicht hat, dessen Arbeiten aber im Schnitt 86mal von anderen Wissenschaftlern zitiert wurden (Struchkov kommt nur auf drei Zitierungen pro Publikation).

Der Durchschnitt von 86 Zitierungen pro Veröffentlichung ist zwar ein traumhafter Spitzenwert, verglichen mit der Resonanz anderer Arbeiten. Er demonstriert aber gleichzeitig auch, wie klein unsere Leserschaft ist. Selten schreiben wir etwas, das mehr als 100 Menschen (weltweit) gewillt sind zu lesen oder auch nur verstehen könnten, wenn sie es lesen wollten.

Wer versucht, für ein größeres Publikum zu schreiben, macht sich in unserer Zunft verdächtig, die Wissenschaft zu trivialisieren. Wer sich auf das Niveau des Laienpublikums herabläßt, ist ja vielleicht gar kein richtiger Wissenschaftler mehr, sondern nur noch ein Wissenschaftsjournalist. Ich muß Ihnen gestehen, mein *alter ego*, ein gewisser Mr. Hyde, ist auch so einer. Nachts, wenn alles schläft, holt er seinen tragbaren Computer hervor und frönt der niederen Journaille. Mir soll's ja recht sein, wenn es ihm Spaß macht.

Hier kommt also, als Resultat von Mr. Hydes fortgesetztem nächtlichen Treiben, eine Sammlung seiner Reiseberichte aus der Welt der Moleküle, in der auch meine Forschungstätigkeit angesiedelt ist. Es ist unsere alltägliche Welt, in Nahaufnahme betrachtet. Wir bewegen uns auf der Größenskala im Bereich der Inneneinrichtung von lebenden Zellen, aus denen wir alle bestehen. Dennoch mag diese Welt – oder eher diese Perspektive – Nichtwissenschaftlern fremd erscheinen, weil wir sie nicht sehen können. Und wir werden sie niemals wirklich sehen können, da ihre Feinstrukturen kleiner sind als die Wellenlänge des sichtbaren Lichts. Erst seit wenigen Jahrzehnten haben wir Methoden an der Hand, um uns indirekt Vorstellungen von ihr zu verschaffen. Um den Schritt von der Beobachtung zur Synthese und Nutzbarmachung dieser unsichtbar kleinen Dinge soll es in diesem Buch gehen. Denn eine Technologie, um die Reichtümer dieser unsichtbaren Welt zu nutzen, ist heute noch Utopie.

Vorwort von Mr. Edward Hyde

Tja, da ist was dran, daß die Elaborate von Dr. Jekyll und seinen GenossInnen nicht einmal von 100 Leuten verstanden werden. Auch wenn das hier in Großbritannien seit C.P Snows «Zwei Kulturen» *(The Two Cultures and their Scientific Revolution)* und erst recht seit der Einführung der jährlich stattfindenden «National Science Week» 1994 ein Dauerthema für Kolumnisten ist – geändert hat sich daran noch nicht sehr viel. Der Wissenschaftsredakteur des *Guardian* argwöhnte jüngst in einer Kolumne über die Sprachbarriere zwischen den Naturwissenschaften und dem Rest der Welt, die WissenschaftlerInnen benutzten einen Geheimkode, vielleicht gar, um etwas zu verbergen.

Andererseits gibt es hierzulande eine Tradition, daß Wissenschaftler auch Bücher für das Laienpublikum schreiben, was allerdings mindestens ebensosehr auf die Geringfügigkeit der akademischen Gehälter wie auf das Mitteilungsbedürfnis der AkademikerInnen zurückzuführen ist. Zwei prominente Autoren arbeiten in meiner Nachbarschaft an der South Parks Road: Peter Atkins und Richard Dawkins. Und natürlich gehört auch *Alice in Wonderland* zur hiesigen Lokalkultur.

Doch abgesehen von einigen Ausnahmen, wie Dawkins Buch *Der blinde Uhrmacher* oder dem Sensationserfolg *Eine kurze Geschichte der Zeit* von Stephen Hawking werden die meisten dieser Werke wohl kaum von NichtwissenschaftlerInnen gelesen, allenfalls von KollegInnen aus anderen Fachbereichen. Und auch in Deutschland sind die sogenannten Sachbuch-Bestsellerlisten im *Spiegel* zumeist von magischen Augen 1–5, Biographien, Autobiographien und anderen Werken gefüllt, deren Klassifizierung als *non-fiction* wohl einer genaueren Betrachtung nicht standhalten würde.

Nichtsdestoweniger habe ich versucht, meine gesammelten Erkenntnisse aus drei Jahren nächtlicher wissenschaftsjournalistischer Betätigung zu einem Sachbuch zu bündeln, einem Buch, das Sachinformation über einen verborgenen, aber fundamental wichtigen Teil unserer Welt gibt. Dies alles in der verrückten Hoffnung, daß dieses Buch nicht nur von Dr. Jekylls KollegInnen zur Hand genommen wird, die nachsehen wollen, ob ihre Publikationen zitiert werden, sondern auch von dem einen oder anderen Nichtwissenschaftler, der herausfinden könnte, daß die Welt der kleinsten Dimensionen viel faszinierender ist, als seine Schulweisheit ihn träumen ließ.

Die meisten der in Teil II und III enthaltenen Expeditionsberichte wurden ursprünglich für die *Süddeutsche Zeitung* und/oder *Spektrum der Wissenschaft* geschrieben. Mein Dank gilt den zuständigen RedakteurInnen, insbesondere Dr. Jeanne Rubner und Dr. Gerhard Trageser, ohne deren stete Hilfe und Ermutigung meine journalistischen Arbeiten wohl niemals die kritische Masse erreicht hätten, um zu einem Buch zu verschmelzen.

Einige Experimente mußte auch ich anstellen, um die Wirkung meines Werkes auf die LeserInnen zu testen. Ein großes Dankeschön an die Versuchskaninchen, die ich zumeist aus dem Familienkreis rekrutierte. Mein Vater hat diese Arbeit zusätzlich durch die Bereitstellung tragbarer Hosen und Computer gefördert.

Den im Literaturverzeichnis zitierten WissenschaftlerInnen verdanke ich natürlich, daß es überhaupt spannende Forschung zu berichten gab. Darüber hinaus danke ich Drs. Lia Addadi, Frieder W. Lichtenthaler, John Mann, Stephen Mann, Bert Meijer, Helen Saibil, Fritz Vögtle und Horst Weller für Rat und Hilfe.

Michael Groß
Oxford, Ostern 1995

I. Einführung: Willkommen in der Nanowelt

Moleküle: Ohne sie gäbe es kein Leben

Einen Motor, der nur einige hunderttausendstel Millimeter mißt und läuft und läuft und läuft. Einen Datenspeicher, der auf einem tausendstel Millimeter sieben Megabyte[1] aufnehmen kann. Einen Katalysator, der den reaktionsträgen Stickstoff aus der Luft bei Zimmertemperatur und Atmosphärendruck in Ammoniak umwandeln kann.

Solche und ähnliche heute noch unerhörte Dinge mag sich manch einer von den Zukunftstechnologien erhoffen, die sich auf der Größenskala im Nanometerbereich ansiedeln und deshalb unter dem Sammelbegriff «Nanotechnologie» zusammengefaßt werden. Die Vorsilbe «nano» heißt eigentlich nichts weiter als «ein Milliardstel» oder, mathematisch ausgedrückt, 10^{-9}. Ein Nanometer ist demnach ein milliardstel Meter oder ein millionstel Millimeter (Abbildung 1).

Es geht also um komplizierte und leistungsfähige Maschinen, die nur einige millionstel Millimeter groß sein dürfen. Undenkbar? Keineswegs, denn die Evolution hat diese Aufgabe schon längst gelöst. Der Motor – ein System aus den Proteinen Actin und Myosin – treibt unsere Muskeln an. Der Datenspeicher – ein Chromosom, das heißt ein vielfach verwundenes und verknäultes Molekül des Erbmaterials DNA – bestimmt unsere genetische Identität. Und der Katalysator – ein Enzym namens Nitrogenase – ist die Spezialität der Knöllchenbakterien, die mit Hülsenfrüchten in Symbiose leben und diese mit Dünger direkt aus der Luft versorgen.

Dies sind nur drei Beispiele für die unendlich vielen kniffligen technischen Probleme, die lebende Zellen scheinbar mühelos bewältigen. Das zugrundeliegende Konstruktionsgeheimnis, das sich offenbar in drei Milliarden Jahren Evolutionsgeschichte so bewährt hat, daß wir keine andere Lebensform kennen oder uns auch nur vorstellen können, ist das Baukastenprinzip. Die Nanotechnologie der Natur verwendet Kettenmoleküle, die aus einer geringen Zahl einheitlich kleiner Bausteine nach Maß zusammengesetzt werden können. Die gesamte Datenverarbeitung der Erbinformation kommt mit dem Vier-Buchstaben-System aus, und die meisten Funktionen der lebenden Zelle werden von Proteinen ausgeführt, die ausschließlich oder haupt-

1 Das entspricht der Kapazität von fünf «High Density»-Floppy-Disketten.

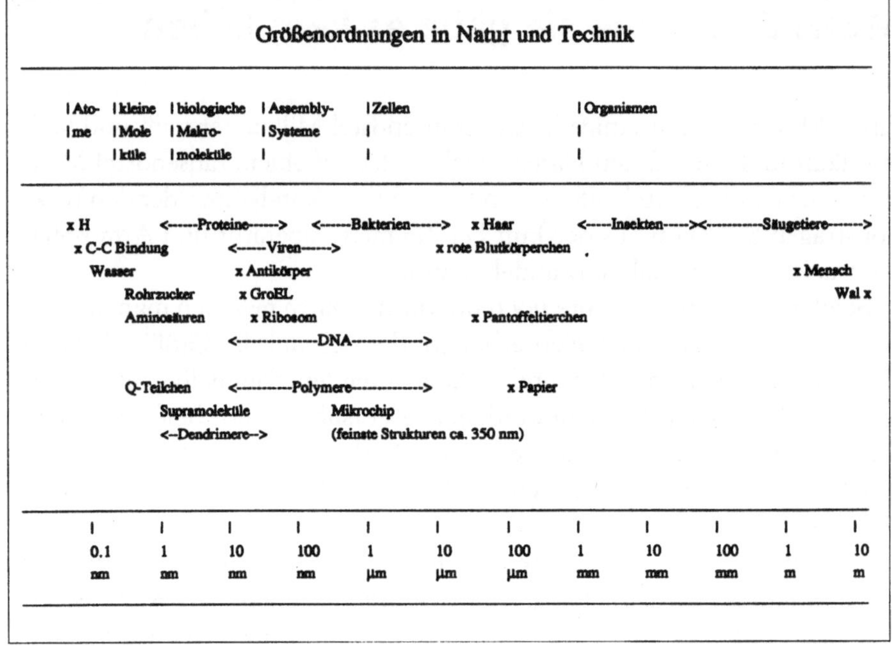

Abbildung 1: Größenskala vom atomaren (Nanometer, nm) bis zum makroskopischen (Meter) Maßstab. Die Einteilung ist logarithmisch, so daß jede Unterteilung der x-Achse einer Multiplikation mit dem Faktor 10 entspricht. (Die veraltete Einheit Ångstrøm (Å) entspricht 0,1 nm.)

sächlich aus einem Satz von 20 Aminosäuren aufgebaut sind. Wir wollen diese «natürlichen Nanomaschinen» einmal näher betrachten und sehen, inwieweit sie bei der Entwicklung neuer Technologien als Vorbild dienen oder zumindest Anregungen und Ideen liefern können.

Atome, die «Unteilbaren», werden allgemein als die Grundbausteine der Materie betrachtet. Zwar kann man sie unter extremen Bedingungen – etwa in einem Kernreaktor oder Teilchenbeschleuniger – zerlegen oder miteinander verschmelzen, doch im Hausgebrauch sind sie tatsächlich unteilbar. (Allenfalls kann man ihnen in einer chemischen Reaktion einige ihrer Elektronen entreißen, doch dadurch ändert sich ihre Masse nicht nennenswert.) Die physikalischen Eigenschaften der Atome bestimmen, ob und wie sie sich zu Molekülen zusammenschließen können. Bildung, Eigenschaften und Umwandlung von Molekülen zu beschreiben ist Aufgabe der Chemie – ohne Atome keine Chemie.

Moleküle ihrerseits können nur zwei oder aber viele tausend Atome enthalten. Im letzteren Fall spricht man von Makromolekülen, auch wenn diese immer noch so klein sind, daß man sie im Lichtmikroskop nicht sehen kann.[2] Im Gegensatz zu den eintönigen, aus endlos vielen gleichen Einheiten aufgebauten Makromolekülen der Kunststoffe (Polyäthylen, Polyvinylchlorid, etc.), den sogenannten Homopolymeren, enthalten Heteropolymere verschiedene Bauelemente. Sie können in der Abfolge ihrer Bausteine Information speichern, und sie können eine Funktion erfüllen. Diese beiden Eigenschaften qualifizieren sie als Bausteine des Lebens – ohne Moleküle kein Leben.

Wie klein sind denn nun Atome und Moleküle? Atome lassen sich kaum ausmessen, da sich ihre Elektronenwolke theoretisch beliebig weit in den Raum erstreckt. Nimmt man jedoch in einem Molekül aus zwei gleichen Atomen den halben Abstand der Atomkerne als Maßstab für den Radius, so sind alle Atome kleiner als ein Nanometer. Nach dieser Definition beträgt zum Beispiel der Durchmesser eines Wasserstoffatoms 0,06 nm, der des 32mal so schweren Schwefelatoms 0,20 nm. Kleine Moleküle können wenige Nanometer messen, Makromoleküle können im ausgestreckten Zustand Mikrometer lang werden, im verknäuelten Zustand beträgt ihr Durchmesser typischerweise 10 bis 100 Nanometer (Abbildung 1).

In diesem Größenbereich können die Makromoleküle der lebenden Zelle Information speichern, weiterreichen und in Funktion umsetzen. Die Desoxyribonukleinsäure (DNA), vermutlich das prominenteste Molekül unserer Zeit, ist für die Information zuständig, die Proteine führen die Funktion aus. Ribonukleinsäure (RNA) kann beides und gilt deshalb vielen Wissenschaftlern als aussichtsreicher Kandidat für die Rolle des Urmoleküls, das vor der Entwicklung der komplizierten DNA-RNA-Protein-Maschinerie die Evolution des Lebens überhaupt ermöglichte.

Diese Moleküle agieren in der Regel als selbständige Maschinen in dem nanotechnologischen Großbetrieb der lebenden Zelle – einige Beispiele

2 Die Verwendung von sichtbarem Licht als «Sonde» legt eine physikalische Grenze fest. Da die Wellenlänge des Lichts 400–800 nm beträgt, kann man molekulare Objekte auch mit dem allerbesten Mikroskop nicht sehen. Röntgenstrahlen und Elektronen haben hingegen kürzere Wellenlängen.

hierfür werden in Teil II näher erläutert. Im Gegensatz dazu haben wir Menschen in der Vergangenheit Moleküle stets nur in großer Zahl verwendet. Eine wäg- und sichtbare Menge eines in Trockensubstanz vorliegenden mittelgroßen Proteins, zum Beispiel 1 Milligramm des Enzyms Uricase, das zur Bestimmung der Harnsäurekonzentration im Blut eingesetzt wird, enthält etwa 6 Billiarden Moleküle, die in der Regel, wenn wir das Protein in einem diagnostischen Test einsetzen, alle dasselbe tun.

Um Maschinen im Nanometermaßstab konstruieren zu können, müssen wir Makromoleküle aufbauen, die ähnlich effizient sind wie die biologischen, und wir müssen sie für voll nehmen, das heißt, wir müssen lernen, einzelnen Molekülen eine Aufgabe zuzuteilen und deren Erfüllung abzufragen. Von den ersten Vorstößen in dieser Richtung handelt Teil III dieses Buches.

Doch mit der Zusammenfügung der Atome zu Makromolekülen allein erhalten wir noch keine Nanomaschinen. Deren Stärke liegt nämlich (unter anderem) in den schwachen Wechselwirkungen.

Wechselwirkungen: Die Schwächsten setzen sich durch

Mit dem klassischen Repertoire der organischen Chemie, die sich damit beschäftigt, Bindungen zwischen Atomen (hauptsächlich Kohlenstoff, aber auch Wasserstoff, Sauerstoff, Stickstoff und andere) so zu bilden und zu brechen, daß sich neuartige oder interessante Moleküle bilden, könnte man noch keine lebende Zelle nachbauen. So wichtig diese chemischen (kovalenten) Bindungen für die Synthese der Makromoleküle auch sind, bleiben sie doch für viele essentielle Vorgänge im Alltagsleben der Zelle zu starr und unflexibel. Eine stabile kovalente Bindung zu brechen erfordert oft die Verwendung eines Katalysators, eines großen Überschusses eines Reaktionspartners oder – im Labor – hohe Temperaturen und spezielle nichtwäßrige Lösungsmittel.[3]

3 Zu den wenigen kovalenten Bindungsarten, die sich unter geeigneten Bedingungen leicht bilden oder umlagern lassen, zählt die Disulfidbrücke (–S–S–), die sich durch Elektronenzufuhr (Reduktion) öffnen und durch Elektronenentzug (Oxidation) schließen läßt. Sind freie Sulfhydryl(–SH)-Gruppen in räumlicher Nähe angeordnet oder im Überschuß im Lösungsmittel vorhanden, so können sich Disulfidbrücken auch leicht umlagern. Proteine, die in bestimmten Zellkompartimenten ihren Dienst verrichten oder aus der Zelle

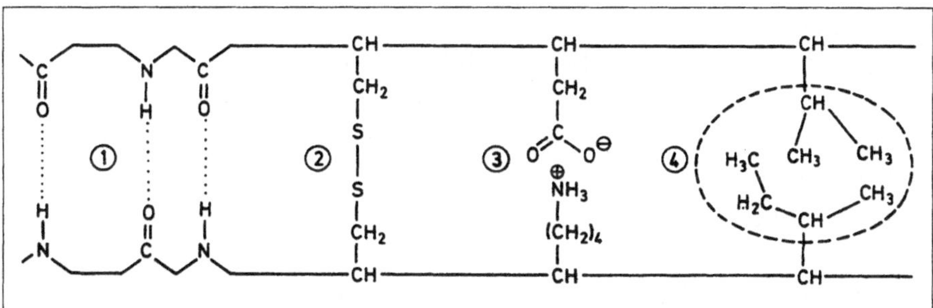

Abbildung 2: Wechselwirkungen, die lokale Strukturen in Proteinen stabilisieren: 1) Wasserstoffbrückenbindung, 2) Disulfidbrücke, 3) Salzbrücke, 4) hydrophobe Wechselwirkung. Das gestrichelte Oval symbolisiert den hydrophoben Bereich, aus dem Wasser ausgeschlossen ist. Nach Karlson: *Biochemie, 11. Auflage.*

Die Natur behilft sich mit der Nutzung einer Vielfalt sogenannter schwacher Wechselwirkungen (Abbildung 2). Dazu zählen hauptsächlich

- die Wasserstoffbrückenbindung (der wir unter anderem auch den ungewöhnlich hohen Siedepunkt des Wassers und damit eine weitere Voraussetzung für die Entstehung des Lebens auf der Erde verdanken),
- die elektrostatische Anziehung zwischen gegensätzlich geladenen Molekülteilen (Salzbrücken),
- die Van-der-Waals-Anziehung zwischen der negativ geladenen Elektronenwolke eines Atoms und dem positiven Kern eines anderen sowie
- die Zusammenballungstendenz fettartiger, wassermeidender Molekülteile, die sogenannte hydrophobe Wechselwirkung (siehe Teil II, S. 61).

Wasserstoffbrücken halten zum Beispiel die Doppelhelix der DNA zusammen und die lokalen Helix- und Faltblatt-Unterstrukturen der Proteine. Salzbrücken dienen oft der Bindung geladener Substrate an ein Enzym. Van-der-Waals-Wechselwirkungen können aufgrund ihrer kurzen Reichweite und geringen Stärke nur dort wirken, wo Molekülteile in komplementärer Paßform «einrasten». Die hydrophobe Wechselwirkung schließlich hält die Membranen aus Lipid-Doppelschichten zusammen, welche jede

ausgeschieden werden, sind oft durch Disulfidbrücken stabilisiert.

lebende Zelle von der Außenwelt abgrenzen sowie in vielen Zellen auch Unterabteilungen («Organellen») definieren. Sie ist auch die wesentliche treibende Kraft, die Proteine bei physiologischer Temperatur in dem kompakten, zu komplizierten Überstrukturen gefalteten Zustand hält, den diese zur Ausübung ihrer jeweiligen Funktion benötigen.

Alle diese Bindungen können durch Variation der Bedingungen leicht geöffnet und wieder geschlossen werden, was oft eine Voraussetzung für die Funktion der biologischen Makromoleküle ist. Damit zum Beispiel die DNA «gelesen», also zu RNA oder neuer DNA umgeschrieben werden kann, muß die Doppelhelix-Struktur an der Stelle, die gerade gelesen wird, aufgelöst werden. Damit das Sauerstoff-Speicherprotein des Muskels, Myoglobin, Sauerstoff aufnehmen oder abgeben kann, muß es seine Struktur lokal umordnen, um einen Kanal zwischen der Bindungsstelle und der Außenwelt zu öffnen. Doch nicht nur für diese schnellen, lokalen Umordnungsprozesse sind die schwachen Wechselwirkungen notwendig. Sie ermöglichen außerdem die Zusammenlagerung makromolekularer Komponenten zu hochkomplizierten Systemen ohne Unterstützung durch andere Moleküle, die nicht Bestandteil des aufzubauenden Systems sind: die Selbstorganisation.

Selbstorganisation: Gemeinsam sind wir stark

Die Fabrik, in der das Darmbakterium *Escherichia coli* seine Proteine herstellt, das bakterielle Ribosom, besteht aus einer großen und einer kleinen Untereinheit, die insgesamt drei RNA-Moleküle und 52 verschiedene Proteine enthalten. Obwohl Dutzende von Arbeitsgruppen in aller Welt seit mehr als zwei Jahrzehnten versuchen, den genauen Aufbau und die Funktionsweise des Ribosoms zu entschlüsseln, ist dies bis heute noch nicht vollständig gelungen. Nimmt man es auseinander und reinigt die einzelnen Komponenten, so hat man am Ende 55 Töpfchen mit je einer Sorte Moleküle in wäßriger Lösung. Schüttet man nun alle Töpfchen, die mit einem S für «small subunit», die kleinere Untereinheit des Ribosoms, markiert sind, wieder zusammen, so bildet sich die funktionsfähige kleine Untereinheit wie von selbst. Bei der großen Untereinheit muß man in zwei Schritten vorgehen, das heißt erst die RNA mit einer bestimmten Teilgruppe der Proteine mischen und dann die übrigen Proteine zufügen,

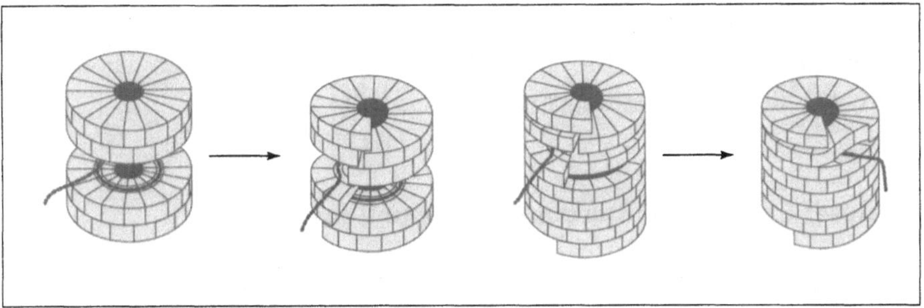

Abbildung 3: Selbstorganisation des Tabakmosaikvirus. Die «Tortenstücke» sind einzelne Moleküle des Virusproteins, der dunkle «Faden» ist der RNA-Strang, der dem Virus als Erbmaterial dient und auch für die korrekte Assemblierung erforderlich ist. Nach L. Stryer: *Biochemie*.

um die Untereinheit wiederherzustellen. Gibt man schließlich die beiden Untereinheiten zusammen, so erhält man vollständig funktionsfähige Ribosomen. Und das ausschließlich durch vier Mischvorgänge, ohne irgendeine Stütze oder ein Hilfsmittel, das die Bildung bestimmter Strukturen oder Wechselwirkungen begünstigt hätte.

Dieses spektakuläre, aber keineswegs einzigartige Beispiel zeigt ein wichtiges Prinzip der Nanotechnologie des Lebens auf. Die Maschinenteile sind so konstruiert, daß sie von selbst funktionsfähige Maschinen bilden. Es bedarf keines Baumeisters, keines Plans, keines Gerüsts – die Strukturen tragen ihre Bestimmung schon in sich. Ähnlich lassen sich komplette Viren, etwa der Tabakmosaikvirus (TMV; Abbildung 3), oder Mikrotubuli, die röhrenförmigen Fasern des Zellskeletts, rekonstituieren.

Ein Beispiel, wie sich Forscher das Prinzip der Selbstorganisation erfolgreich zu eigen gemacht haben, um einen künstlichen Ionenkanal zu konstruieren, ist in Teil III beschrieben. Doch obwohl die Rekonstitution natürlicher Systeme, die sich wie das Ribosom von selbst zusammenfügen («Assembly-Systeme»), bereits vor Jahrzehnten im Reagenzglas nachvollzogen werden konnte (TMV: 1972, kleine ribosomale Untereinheit: 1968, große Untereinheit: 1974), ist die Nutzung dieses Phänomens für synthetische Systeme nur selten versucht worden, und die Wissenschaft der schwachen Wechselwirkungen, die supramolekulare Chemie, steckt noch in den Kinderschuhen.

Nachdem es so einfach war, die Maschinerie der Zelle zusammenzubauen oder ihr zuzuschauen, wie sie sich selbst zusammenbaut, wollen wir einmal sehen, was diese Wunderdinger denn eigentlich machen.

Katalyse: Chemische Reaktionen, schnell und exakt

Proteine können der Strukturbildung oder dem Transport kleiner Moleküle dienen, doch die allermeisten von ihnen beschleunigen (katalysieren) eine chemische Reaktion. In Extremfällen können sie Reaktionen, die in Abwesenheit eines Katalysators Millionen Jahre benötigen würden, in Bruchteilen von Sekunden ablaufen lassen. Proteine mit einer katalytischen Funktion bezeichnet man als Enzyme. Nachdem jahrzehntelang das Dogma bestand, daß die Rolle der Biokatalysatoren ausschließlich von Proteinen wahrgenommen wird, entdeckte man in den achtziger Jahren auch Katalysatoren, die ausschließlich RNA enthalten, die sogenannten Ribozyme.

Warum braucht die Zelle Enzyme? Zunächst einmal, um die Produktionsprozesse in ihrer chemischen Fabrik zu steuern. Katalysatoren können definitionsgemäß nicht die Richtung einer Reaktion bestimmen – sie beschleunigen lediglich die Einstellung des durch die Umgebungsbedingungen und die chemische Natur der Reaktionspartner definierten Gleichgewichts (Abbildung 4). Doch auch mit diesem scheinbar bescheidenen Einfluß können sie enorm viel erreichen. Zum Beispiel, indem sie aus einer Reihe von verschiedenen Reaktionen, die eine Substanz eingehen könnte, nur eine katalysieren. Auf diese Weise kann ein spezifischer Katalysator – und Enzyme sind die spezifischsten Katalysatoren, die wir kennen – das Produktspektrum einer gegebenen Reaktionsmischung völlig verändern.

Enzyme können auch Reaktionen miteinander koppeln. Auf diese Weise können Reaktionen, die energetisch ungünstig wären und deshalb nicht von alleine ablaufen würden, etwa die Synthesen der Makromoleküle, mit einer energieliefernden Reaktion, etwa der Spaltung einer energiereichen Verbindung, angetrieben werden.

Viele Enzyme übertreffen die entsprechenden technischen Katalysatoren in ihrer Leistungsfähigkeit um Größenordnungen. So gibt es bis heute keinen technischen Katalysator, der die Ammoniaksynthese bei Atmosphärendruck und gemäßigter Temperatur betreiben könnte, wie es die Nitrogenase der Knöllchenbakterien tut.

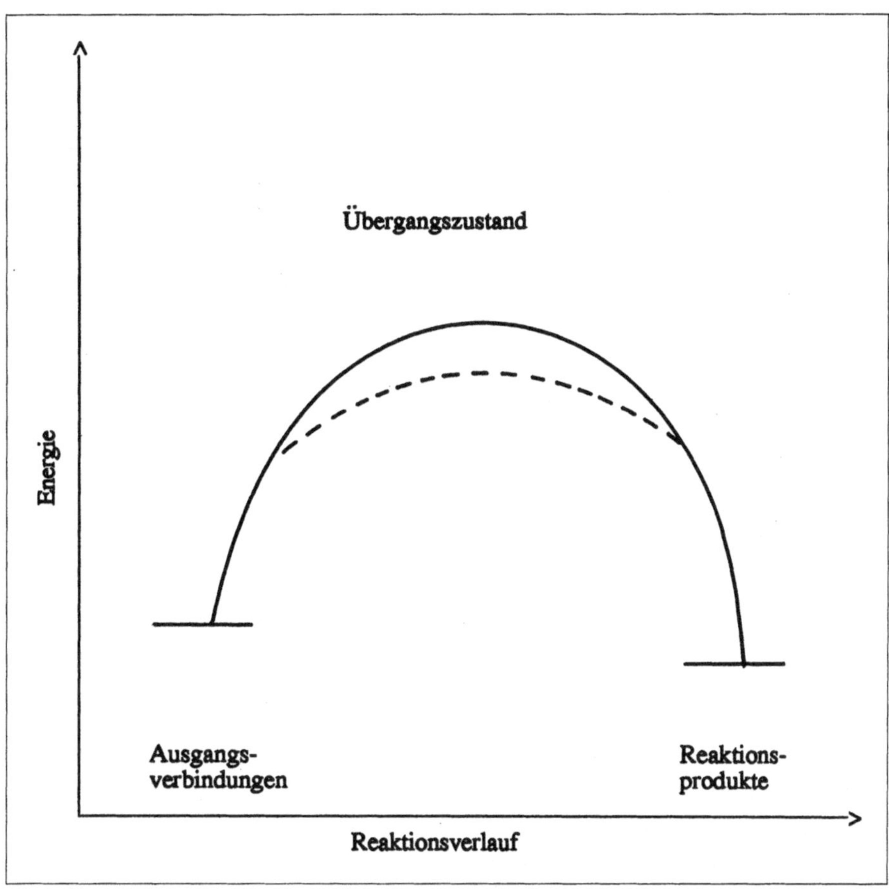

Abbildung 4: Energieprofil einer chemischen Reaktion mit (- - - -) und ohne (—) Katalysator. Der Katalysator verringert die Höhe der «Aktivierungsbarriere» zwischen Ausgangsverbindungen und Übergangszustand, so daß die Reaktionspartner leichter «über den Berg kommen».

Manche Enzyme werden im Haushalt eingesetzt, etwa bei der Quarkbereitung, zur Fleckentfernung oder im Waschmittel. Im Kosmetikbereich werden proteinabbauende Enzyme (Proteinasen) eingesetzt, und die kalt gelegte Dauerwelle kommt mit Hilfe eines Harnstoff abbauenden Enzyms (Urease) zustande.

Manche Enzyme haben in den Forschungslabors ihre eigenen Anwendungsmöglichkeiten geschaffen, oft in Verfahren, die ohne sie überhaupt nicht denkbar wären. Die prominentesten Beispiele sind die Restriktionsendonukleasen, von Bakterien als Abwehrwaffe gegen Viren entwickelt und im genetischen Labor für die Fragmentierung von Nukleinsäuren unentbehrlich, sowie die DNA-Polymerase thermophiler Bakterien, welche die Polymerase-Kettenreaktion (ja, genau – die aus *Jurassic Park*), das heißt die exponentielle Vervielfältigung von DNA, ausgehend von nur wenigen Molekülen, ermöglicht hat.

Und manche Enzyme werden bereits industriell eingesetzt, bisher hauptsächlich bei einfachen Reaktionen wie dem Abbau von Stärke zu Rohrzukker (Jahresumsatz 20 Millionen Tonnen; von dem dazu benötigten Enzym Amyloglucosidase werden jährlich 15000 Tonnen hergestellt!) oder der Vergärung von Kohlenhydraten zu Alkohol, ein Verfahren, das in Brasilien forciert wird, um die Abhängigkeit des Landes von Erdölimporten zu verringern.

Enzymatische Prozesse gewinnen aber auch bei der Herstellung von Pharmaka und in der Lebensmittelverarbeitung zunehmend an Bedeutung.

Obwohl es Millionen verschiedener Enzyme in der Natur gibt, deren Nutzpotential noch lange nicht ausgeschöpft ist, wäre es für viele technische Anwendungen erstrebenswert, ähnlich spezifische Katalysatoren nach Maß herstellen zu können. Zum Beispiel um die Probleme mit der begrenzten Stabilität und Haltbarkeit von Proteinen zu umgehen. Verschiedene Ansätze zur Herstellung künstlicher Enzyme werden in Teil III, S. 116 vorgestellt.

Doch um ihren Stoffwechsel nicht ins Chaos zu führen, muß eine Zelle nicht nur die chemischen Reaktionen steuern, sie muß sie auch räumlich organisieren.

Der Aufbau der Zelle: Ordnung ist das halbe Leben

Den ersten Schritt zur räumlichen Eingrenzung des Geflechts aus chemischen Reaktionen, das wir als Leben bezeichnen, stellt natürlich die Entwicklung der Zelle selbst dar. Mindestens eine Doppelschichtmembran, in vielen Fällen auch eine Zellwand, sowie weitere Schichten und Zwischenräume trennen die Zelle vom Rest der Welt und verhindern, daß wertvolle Stoffe wegdiffundieren oder Schadstoffe aus der Umgebung unkontrolliert eindringen können.

Doch auch innerhalb der Zellen herrscht Ordnung. Wir sogenannten höheren Lebewesen zählen, vom Zelltyp her gesehen, zu den Eukaryonten. Das heißt, daß jede unserer Zellen einen echten Zellkern hat. Weitere Unterabteilungen (Organellen) der Eukaryontenzelle hören auf schwierige bis unaussprechliche Namen wie etwa Mitochondrion, Endoplasmatisches Retikulum, Golgi-Apparat etc. (Abbildung 5).

Wichtig ist hier jedoch nur, daß die Zelle offenbar für verschiedene Funktionen abgegrenzte Bereiche aufweist, so wie wir unsere Häuser in Wohnzimmer, Schlafzimmer, Küche, Bad, Kinderzimmer etc. unterteilen. Das erfordert gleichzeitig weitere Arten von Nanomaschinen und -strukturen. Die Abgrenzungen zwischen den Abteilungen müssen aufgebaut werden – nach dem, was wir über Selbstorganisation erfahren haben, liegt die Vermutung nahe, daß dieses Prinzip auch hier am Werk ist, so daß wir keine Baukräne oder Gerüste für die Errichtung der Zwischenwände brauchen. Sind die Wände einmal da, so brauchen wir außerdem Transportwege, um den Verkehr zwischen den Zimmern zu ermöglichen. Einfache Türen würden im Fall der Zelle wenig nützen, da es ja darum geht, den Verkehr zwischen den Räumen zu kontrollieren und zu steuern. Eine Art regulierbares Ventil mag genügen, wenn Dinge aus dem volleren Raum in den leereren gelangen sollen. Doch oft besteht das Problem darin, daß Verbindungen gegen den natürlichen Trend zur Gleichverteilung transportiert werden müssen. In diesem Fall bietet sich das Prinzip der Kopplung mit einem energieverbrauchenden Prozeß an, das wir bei den Enzymen schon kennengelernt haben.

Innerhalb der einzelnen Zimmer und auch innerhalb der weitaus weniger «aufgeräumten» Bakterienzelle hatte man lange ein chaotisches Umher-

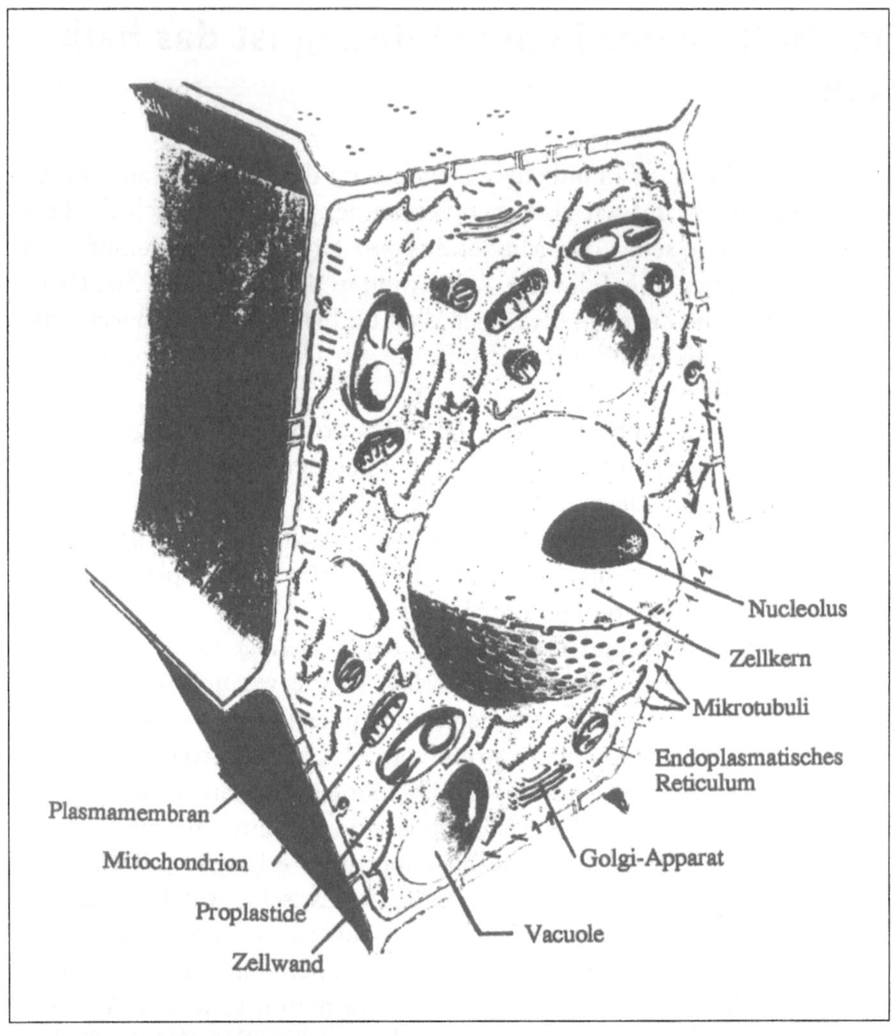

Abbildung 5: Schematische Darstellung einer Pflanzenzelle und ihrer Kompartimente. Nach Czihak, Langer, Ziegler: *Biologie*.

schwimmen aller vorhandenen Stoffe vermutet. Es zeichnet sich jedoch ab, daß auch die in Lösung befindlichen Enzyme sich räumlich organisieren. Die Nanomaschinen sind sozusagen zu einer Fertigungsstraße aufgereiht, in der das Produkt von einem Schritt zum nächsten weitergereicht werden kann.

So finden sich zum Beispiel in der Nähe der Ribosomen, welche die Proteine synthetisieren, oft auch die molekularen Chaperone, die deren Faltung überwachen (siehe S. 64).

Erst vor kurzem (1994) gelang die Entwicklung einer Methode, Biomakromoleküle oder ähnlich komplexe Systeme, zumindest in zwei Dimensionen, mit Nanometerpräzision genau anzuordnen. Diese Technik, über die im Teil III, S. 123 Näheres zu erfahren ist, erlaubt es auch, ein biotechnologisches Fließband zu konstruieren, wo das Substrat jeweils ohne diffusionsbedingte Zeit- und Stoffverluste von einem bearbeitenden Enzym zum nächsten weitergereicht wird.

Schließlich wollen wir, obwohl wir uns mit der Betrachtung ganzer Zellen schon verdächtig weit in den Mikrometermaßstab hinaufgewagt haben, noch einen Blick aufs große Ganze werfen.

Evolution: Vom Molekül zum Organismus

Vom Urknall bis zur Entstehung der Pflanzen und Tiere läßt sich eine Linie der zunehmenden Organisation immer größerer Zusammenhänge ziehen – subatomare Partikel zu Atomen, Atome zu kleinen Molekülen, diese zu Makromolekülen, Makromoleküle zu Zellen und Zellen zu Vielzellern. Dabei wird die Größenskala von Femtometer (ein billionstel oder 10^{-12} Meter) bis zu etwa 30 m durchlaufen, wenn wir etwa an Blauwale oder Dinosaurier denken. Die Evolutionstheorie stellt eine schlüssige Verbindung für den größten Teil des Weges her, mindestens von dem ersten Makromolekül, das seine eigene Vervielfältigung bewerkstelligen konnte – möglicherweise eine einfache Variante der heutigen RNA –, bis zu den heutigen Lebewesen, also vom Nanometer- bis zum Metermaßstab und von der Urzeit des Lebens auf der Erde (drei Milliarden Jahre vor unserer Zeit) bis heute.

Manche Forscher glauben sogar, daß das Wirken der Evolutionsprinzipien Mutation und Selektion zeitlich noch weiter zurück und räumlich in noch kleinere Dimensionen reicht. Demzufolge wären Baufehler in den sonst regelmäßigen Kristallgittern gewisser Tonmineralien die erste Form von «Erbinformation» gewesen. Demnach hätte sozusagen eine Vor-Evolution im Reich der Atome und anorganischen Festkörper stattgefunden, auf der die später entstandenen Makromoleküle aufbauen konnten. Auch die verblüffenden Fähigkeiten der Zellen und Proteine bei der Steuerung der Abscheidung von Mineralien in kristalliner oder amorpher Form (S. 45ff.) lassen solche Überlegungen plausibel erscheinen.

Der letzte Schritt, von der Zelle zum komplizierten Organismus, gehört eigentlich nicht mehr zu unserem Nano-Thema. Es sei jedoch kurz darauf hingewiesen, daß die Kommunikation zwischen Zellen, die ja im Vielzeller nötig ist und im großen Umfang stattfindet, ebenfalls ein Bereich der «natürlichen Nanotechnik» ist, von dem sich die menschlichen Informationswissenschaftler und Computertechniker noch einiges abschauen könnten.

Die Rundruf-Funktion («Großhirn an alle») wird oft durch Hormone und die dazugehörigen Rezeptoren ausgeübt. Selbstorganisation ist hier wieder im Spiel, wenn sich ein Rezeptorkomplex in die Membran einlagert; Substraterkennung und schwache Wechselwirkungen sind vonnöten, wenn das Hormon an den Rezeptor bindet und dieser dann eine Folgereaktion auslöst.

Für ortsgerichtete Informationsübertragung hat unser Körper sein eigenes Telefonnetz: das Nervensystem. Zusätzlich zu den bereits diskutierten Phänomenen spielen hier auch elektrische Ströme und Spannungen eine wichtige Rolle. Und an der am meisten studierten und am besten verstandenen Stelle des Nervensystems, der Netzhaut des Auges, kommt Licht als zusätzliche Signalform hinzu. Signalumwandlung zwischen den Energieformen Licht, Elektrizität und chemischer Energie in der Größenordnung der Zellrezeptoren ist sicherlich eines der Ziele für die Nanotechnologie.

Technik: Zurück zum Molekül

In einem gewissen Sinne gehen wir Menschen den Weg der Naturgeschichte vom Femtometer zum Meter jetzt wieder zurück. Die ersten Werkzeuge, die Menschen anfertigten und verwendeten, entsprachen in ihren Dimensionen unseren natürlichen Werkzeugen, den Händen und Armen. Obwohl frühe Kulturen bei der Errichtung großer Strukturen Erstaunliches leisteten und, ohne es zu wissen, bereits Mikroorganismen zum Brotbacken und Bierbrauen einsetzten, gibt es keine Belege für die Untersuchung oder Manipulation des unsichtbar Kleinen. Atome waren zwar seit Demokrit[4] ein philosophisches Postulat, sind aber über diesen Zustand mehr als 2000 Jahre lang nicht hinausgekommen.

Erst im 17. Jahrhundert verschaffte das Lichtmikroskop (1590 in Holland erfunden) zumindest Einblick in die Mikrowelt. Der Niederländer Antoni van Leeuwenhoek[5], seines Zeichens Krämer und ein krasser Außenseiter des Wissenschaftsbetriebs seiner Zeit, war der erste, der ein genügend stark vergrößerndes Mikroskop entwickelte, um die Welt der Mikroben zu entdecken (1675).

Die Fertigung kleiner Strukturen blieb bis ins 19. Jahrhundert hinein ein Privileg der Uhrmacher – und die kamen meist mit einer Lupe aus,

4 Demokrit von Abdera, griechischer Philosoph, geb. ca. 460 v. Chr.

5 Antoni van Leeuwenhoek (1632–1723) wurde Mitglied der Royal Society, obwohl er die Sprache des damaligen Wissenschaftsbetriebs (Latein) nicht beherrschte. Ein eindrucksvolles Kurzporträt findet sich z.B. in Paul de Kruifs Buch *Mikrobenjäger*.

das heißt, sie bewegten sich eher im Bereich der Zehntelmillimeter als in dem der Mikrometer. Die im 19. Jahrhundert zunächst zur exakten Wissenschaft und dann zur Leitindustrie heranwachsende Chemie hatte anfangs einen ausgeprägten Drang zum Großen, nicht aber zum Kleinen. Erst die Miniaturisierung der Elektronikbausteine in der zweiten Hälfte dieses Jahrhunderts hat das Interesse an der Fertigung im Mikrometermaßstab geweckt.

Einblick in die Nanowelt gewähren uns seit Mitte dieses Jahrhunderts Techniken wie Elektronenmikroskopie, Röntgenkristallographie, Neutronenbeugung und Kernmagnetische Resonanzspektroskopie. Die Chemie hat in den vergangenen 200 Jahren gelernt, mit Molekülen umzugehen, ihren Aufbau zu beschreiben und neuartige Moleküle herzustellen. Dabei wurden die Moleküle jedoch immer in makroskopischen Mengen gehandhabt, und der Größe der analysierbaren oder synthetisierbaren Systeme waren stets Grenzen gesetzt. Zudem war die Wissenschaft von den Riesenmolekülen, die makromolekulare Chemie, lange Zeit ein Stiefkind der Chemie, das weder die Gleichstellung mit den klassischen Disziplinen (anorganische, organische und physikalische Chemie) noch eine Verselbständigung nach Art der Biochemie jemals erreichen konnte.

Die Herstellung von Nanowerkzeugen lernen wir erst jetzt, in diesem letzten Fünftel unseres Jahrhunderts. Erst jetzt nähern sich die Disziplinen der Biochemie, Chemie, Physik und Biologie, die sich mit natürlichen Nanosystemen befassen oder die Erzeugung künstlicher Nanosysteme anstreben, einander an. Erst jetzt nutzen Chemiker die Kraft der schwachen Wechselwirkungen und das Prinzip der Selbstorganisation, um synthetische Moleküle ähnlich leistungsstark zu machen wie biologische Systeme. Erst jetzt sind Materialbearbeitungsmethoden so weit miniaturisiert worden, daß man nanometergroße Strukturen aus einem Halbleitermaterial herausätzen und somit elektronische Schaltelemente ebenso wie mechanische Maschinenteile in diesem winzigen Format herstellen kann.

Vorstöße in eine neue Dimension haben das Potential, die Welt zu verändern. Ebenso wie die Entdeckung der Welt der Mikroben durch die Entwicklung des Mikroskops oder der Siegeszug der Computer nach der Erfindung des Mikrochips können die Technologien, die uns aus der Eroberung der Nanowelt zuwachsen werden, nicht nur die Welt der Wissenschaft, sondern auch unser Alltagsleben umkrempeln. Von einigen Propheten der Nanotechnologie und von ihren Prophezeiungen wird in Teil IV die Rede sein. Von der Medizin bis zur Raumfahrt, von der Datenverarbeitung bis zum Umweltschutz reichen die prognostizierten Anwendungen der Nanomaschinen. Wir werden sehen, daß die Nanowelt auch sehr viel mit unserer Makrowelt zu tun hat.

II. Das unerreichte Vorbild: Die Zelle als nanotechnologischer Großbetrieb

Proteine – die Nanomaschinen der Zelle

Zellen können alles. Nicht jede für sich. Aber zu fast jeder Aufgabe, die man einem submikroskopisch kleinen Etwas stellen kann, gibt es eine Zelle, die sie erfüllen kann. Sie wollen einen lebenden Kompaß? Kein Problem, magnetotaktische Bakterien wissen, wo Norden ist. Ein Mittel gegen die Ölpest? Auch dafür gibt's Bakterien. Einen Sauerstofftransporter? Unsere roten Blutkörperchen machen den lieben langen Tag nichts anderes. Einen Nanomotor? Unsere Muskelzellen enthalten Hunderte. Zwei spiegelbildliche Molekülformen bilden äußerlich identische Kristalle. Kann man sie dennoch auseinandersortieren? Man kann, wenn man Zellen um Hilfe bittet. Egal, ob man Silber anreichern, Toluol abbauen oder hochwirksame Gifte herstellen will, ob man ein Mineral in amorpher oder kristalliner Form abscheiden will, ob man chemische Energie in Bewegung, Wärme oder Licht umwandeln oder umgekehrt daraus gewinnen will, die Natur hat eine platzsparende Lösung für jedes dieser technischen Probleme.

Für die allermeisten Problemlösungen, die als Anregungen für Nanotechnologie dienen könnten, sind in der Zelle Proteine zuständig – insbesondere für die Chemie und die Feinmechanik der Zelle.

Proteine erledigen in der Zelle die Arbeit. Sie erfüllen eine immense Vielfalt von Aufgaben, für die eine nicht minder beachtliche Vielfalt von Proteinen bereitsteht. Selbst eine relativ einfache Zelle, etwa unser ständiger Begleiter, das Darmbakterium *Escherichia coli*, stellt fortlaufend mehrere tausend verschiedene Proteine her. Kleine und große, wasserlösliche und fettlösliche, die sich in die Zellmembran einlagern, saure und basische, kugelrunde und langgestreckte Proteine. Jedes ist ein Individuum, und allgemeine Aussagen, die über die chemischen Prinzipien des Aufbaus aus Aminosäuren hinausgehen, sind schwer zu treffen. So wie Biochemiker sich ein einzelnes Molekül oder eine kleine Gruppe als Studienobjekt herausgreifen (und dabei nur zu leicht der Versuchung erliegen, ihre Beobachtungen zu verallgemeinern und auf den Rest der Proteinwelt zu übertragen), wollen wir in den folgenden Kapiteln anhand einiger Beispiele sehen, was einige bestimmte Proteine können. Im Sinne der Expeditionen in ein weites, großenteils noch unbekanntes Land sollen nur einige kleine Streifzüge geschildert werden, einige Einblicke in die Funktionsweise dieser natürlichen Nanowelt gegeben werden, aus denen wir dann – Reisen bildet –

Grundlagen und Anregungen gewinnen können für die ersten Versuche des Menschen, eigene Bauwerke und Fabriken in der Nanowelt zu errichten.

Molekulare Motoren in Aktion: Endlich Bewegung in der Muskelforschung

Mancher Zeitgenosse hält sich einiges auf seine Muskelkraft zugute. Doch dieser Stolz verträgt sich schlecht mit dem Snob-Appeal, den wir Angehörige der Spezies *Homo sapiens* mit unserer Stellung im Tierreich verbinden. Nicht nur die Skelettmuskeln der Wirbeltiere, auch die Schließmuskeln der Muscheln und anderer Wirbelloser funktionieren genauso wie unsere Kraftpakete. Ob also Arnold Schwarzenegger seinen Bizeps spielen läßt oder eine Jakobsmuschel ihre Schalen auf- und zuklappt, ist, auf molekularer Ebene, im Grunde das gleiche. Ein Muskel verkürzt sich (um ca. ein Drittel seiner Länge im entspannten Zustand), weil in jeder einzelnen Zelle die miteinander verzahnten dünnen und dicken Filamente aneinander vorbei gleiten. Das Protein Myosin, das mit seinem langen Schwanz in den dicken Filamenten verankert ist und mit seinem Kopf die hauptsächlich aus Actin bestehenden dünnen Filamente festhalten oder loslassen kann, wird als der Motor dieser Bewegung angesehen, deren Treibstoff der zelluläre Energieträger Adenosintriphosphat (ATP) ist.

Obwohl diese Vorstellungen bereits in den fünfziger und sechziger Jahren entwickelt wurden, blieb die treibende Kraft, der Mechanismus, über den die aus dem Abbau von ATP gewonnene Energie in die Gleitbewegung der Filamente investiert wird, bis heute im dunkeln, und in der Muskelforschung bewegte sich jahrelang kaum etwas voran.

Das könnte sich sehr bald ändern, nachdem in den Jahren 1993/94 geradezu eine Flut von (bisher schmerzlich vermißten) Detailinformationen über die räumlichen Strukturen der beteiligten Proteine hereingebrochen ist und es überdies den Biophysikern gelang, einzelne Moleküle der Motorproteine in ihrem Bewegungsablauf zu beobachten.

Den Auftakt für ein turbulentes Dreivierteljahr in der Erforschung dieser linearen molekularen Motoren lieferten Ivan Rayment und seine Mitarbeiter an der Universität von Wisconsin, die im Juli 1993 die Kristallstruktur des Myosinkopfes vorstellten. Um das Protein, das sie aus Hühnermuskeln gewannen, überhaupt kristallisierbar zu machen, mußten die Forscher den

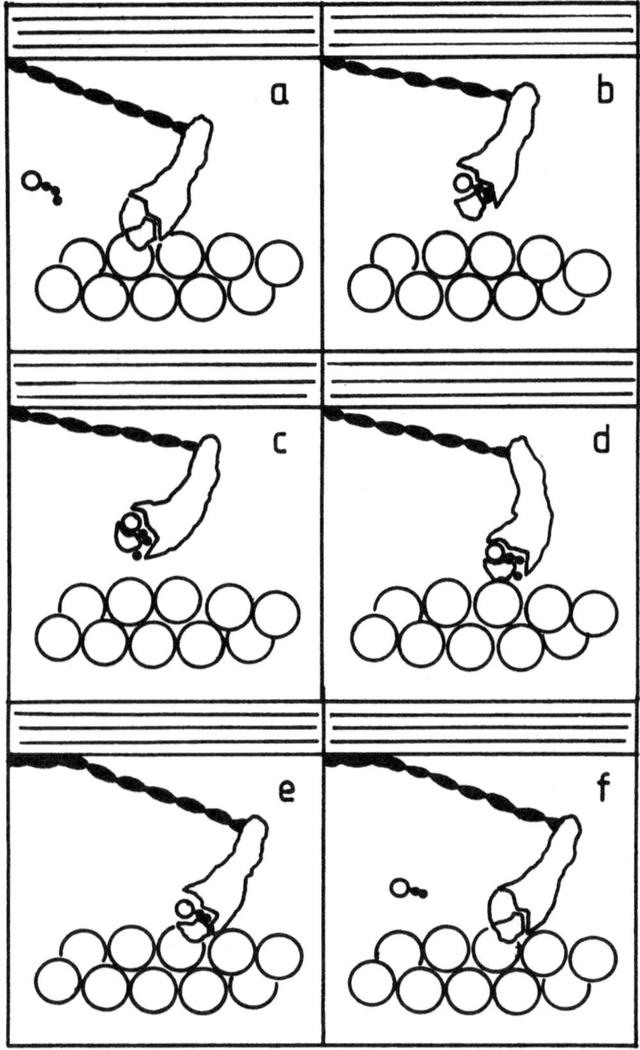

Abbildung 6: Schematische Darstellung des Reaktionszyklus, den Myosin bei der Muskelkontraktion durchläuft. a) Der Myosinkopf ist an eine der Actin-Untereinheiten gebunden und enthält kein Nukleotid. b) ATP bindet an den Myosinkopf und bewirkt, daß dieser das Actin losläßt. c) Hydrolyse des ATP durch Myosin (Abspaltung des dritten Phosphatrests) führt zu d) Streckung des Myosins, das somit eine entferntere Actin-Untereinheit ergreifen kann. Die Bindung ist zunächst noch schwach. e) Abstoßen des abgetrennten Phosphatrests ermöglicht festere Bindung und Kraftausübung durch Zusammenziehen des Myosinmoleküls. f) Dissoziation des Spaltprodukts ADP führt zurück zum Ausgangszustand. Nach Rayment und Holden (1994).

ca. 160 Nanometer langen Schwanz abzwicken und leichte chemische Modifikationen an dem Kopf vornehmen, der alle wichtigen Funktionselemente enthält und auch ohne den Schwanz mit Actin-Filamenten wechselwirken kann. Aus dem atomaren Aufbau des Myosinkopfes und der bereits seit 1990 bekannten Struktur des Actin errechnete Rayments Arbeitsgruppe ein Modellbild für die Wechselwirkung zwischen diesen beiden Komponenten und verfeinerte damit das herkömmliche Gleitfilament-Modell der Muskelkontraktion (Abbildung 6). Aufgrund der räumlichen Anordnung der beweglichen Teile des Actin-Myosin-Motors konnten die Forscher die Schrittweite bei einem einzelnen Bewegungszyklus (Abbau eines ATP-Moleküls) eingrenzen: Sie mußte zwischen sechs und zwanzig Nanometer betragen.

Ein sensationeller Durchbruch konnte wenig später mit einem weiteren Motorprotein, dem Kinesin, erzielt werden. Karel Svoboda und seine Mitarbeiter brachten das Molekül, das sich in der Zelle an den Mikrotubuli entlanghangelt und dabei ganze Zellorganellen mitschleppen kann, dazu, ein Kügelchen aus Silicagel durch einen zweigeteilten Laserstrahl hindurchzuziehen. Aus den Interferenzmustern des aufgefangenen Laserlichtes konnte die Bewegung mit unvorstellbarer Exaktheit bis auf einen Nanometer genau rekonstruiert werden. Die Forscher kamen zu dem Schluß, daß Kinesin sich in einzelnen Schritten von jeweils acht Nanometern bewegt.

Leider ist die molekulare Struktur des Kinesin noch nicht bekannt, so daß dieser Bewegungsablauf nicht genauer beschrieben werden kann. Deshalb war es wiederum ein bedeutender Fortschritt, als die Arbeitsgruppe um James A. Spudich in Stanford (Kalifornien) die Interferenzmethode nochmals verfeinern und dann auch auf (aus Kaninchenmuskeln isolierte) einzelne Myosinmoleküle anwenden konnte. In dieser Studie wurde auch eine Gegenkraft angelegt, die so lange gesteigert wurde, bis die Bewegung zum Stillstand kam. Auf diese Weise konnten nicht nur die Bewegungsschrittweite (11 nm), sondern auch die Kraft der Muskelmoleküle gemessen werden. Sie betrug 3–4 Piconewton (Ein pN ist ein millionstel Millionstel der Kraft, die man aufwenden muß, um eine Masse von 102 Gramm hochzuhalten).

Kurz nach dieser Arbeit erschien wiederum eine röntgenkristallographische Untersuchung eines Muskelproteins. Diesmal wurde aus dem Motor, der den Kammuscheln (z.B. der Jakobsmuschel) zum Öffnen und Schließen ihrer Gehäuse und damit auch zum Schwimmen dient, sozusagen das Gaspedal herausgepickt: ein kleiner Bereich auf der von den dünnen Filamenten abgewandten Seite des Kopfes, welcher die Aktivität der ATP-abbauenden Funktion des Myosinkopfes drosseln kann. Ob diese sogenannte regulatorische Domäne Gas gibt oder drosselt, hängt von der Konzentration der Kalziumionen in der Muskelzelle ab.

Die Kristallstruktur, welche die Arbeitsgruppe von Carolin Cohen an der Brandeis University in Zusammenarbeit mit drei weiteren Gruppen erstellte, verspricht nicht nur Aufschluß über die Funktionsweise dieses Drosselventils, das im Myosin der Wirbeltiere nicht existiert, sondern ergänzt auch in anderer Hinsicht die oben erwähnte Struktur des ganzen Myosinkopfes. So waren in diesem Fall keine chemischen Modifikationen erforderlich, und das Muschel-Protein liefert in einem gewissen Bereich ein scharfes Bild, wo das Hühner-Myosin aufgrund verschiedener Unterarten (Isoformen) nur «verwackelte» Strukturen ergibt.

Zusammengenommen bedeuten diese Studien, daß die Aufklärung der molekularen Mechanismen der Muskelkontraktion in greifbare Nähe gerückt ist. Sobald die Strukturkoordinaten über Datenbanken allgemein zugänglich sind, können die Arbeitsgruppen, die über die letzten drei Jahrzehnte geduldig kleine Teile des Puzzles sortiert haben, beginnen, aus den Teilen ein Ganzes zu machen. Nach langem Stillstand ist die Muskelforschung in Bewegung gekommen.

Düngemittel aus der Luft: Die Wege der Natur sind eleganter als das Haber-Bosch-Verfahren

Pflanzen stehen vor einem paradoxen Versorgungsproblem. Eines der Elemente, die sie zum Wachstum am dringendsten benötigen, ist Stickstoff. Und die Luft, die sie umgibt, besteht zu 78 Volumenprozent aus Stickstoff, doch da das Element so reaktionsträge ist, können sie mit diesem immensen Vorrat nichts anfangen. Die Umwandlung des elementaren Stickstoffs in für Pflanzen, Tiere und Menschen verwertbare Stickstoffverbindungen findet im wesentlichen auf zwei Wegen statt.

Einhundert Millionen Tonnen des Elements werden pro Jahr durch Reaktion mit Wasserstoff zu Ammoniak, dem Grundstoff für alle stickstoffhaltigen Synthesechemikalien und vor allem auch für die Düngemittelproduktion, umgesetzt. Zu diesem Zweck wird ein immenser technischer Aufwand betrieben: Nach dem Verfahren, das von Fritz Haber[1] entwickelt und von Carl Bosch[2] zur großtechnischen Anwendbarkeit geführt wurde, sind hohe Drücke (200 Atmosphären), hohe Temperaturen (500 Grad Celsius) und aufwendige Katalysatoren erforderlich, um magere 18 Prozent des eingesetzten Stickstoffs zur Reaktion zu bringen.

Ebenfalls einhundert Millionen Tonnen Stickstoff pro Jahr setzt die Natur in Gestalt einzelliger Mikroorganismen zu Ammoniak um, den sie als Grundbaustein für die stickstoffhaltigen Biomoleküle wie Proteine, Nukleinsäuren etc. benötigt. Über die Pflanzen, mit denen diese Organismen in Symbiose leben, gelangen die Stickstoffverbindungen in die Nahrungskette und erreichen indirekt alle Lebewesen. Die Natur geht jedoch sehr viel eleganter vor als der Mensch – sie führt die Reaktion (die man in diesem Zusammenhang als «Stickstoff-Fixierung» bezeichnet) bei Normaldruck und Normaltemperaturen durch und benutzt als Katalysator ein spezialisiertes Enzym: die Nitrogenase.

Die Frustration ganzer Chemikergenerationen, keinen Katalysator gefunden zu haben, der das nachvollziehen kann, was in der Natur offenbar so einfach ist, könnte jetzt bald ein Ende finden. Nachdem von den beiden Proteinen, die zusammen das Nitrogenase-Enzym bilden, nunmehr hochaufgelöste Strukturen vorliegen, bestehen gute Chancen für eine baldige Aufklärung des Mechanismus.

Bisher weiß man nur in etwa, wie die Arbeitsteilung zwischen den beiden Proteinen abläuft: Das Eisenprotein, das so genannt wird, weil es in seinem aktiven Zentrum einen Komplex aus Eisen- und Schwefelatomen enthält, pumpt Elektronen zu dem Molybdän-Eisen-Protein, das neben Eisen-Schwefel-Komplexen auch eine Verbindung des Eisens mit dem relativ seltenen Schwermetall Molybdän (bekannt als Legierungsbestandteil im Molybdänstahl) enthält. Jeder Stoß dieser Elektronenpumpe treibt das Molybdän-Eisen-Protein eine Stufe weiter voran in einem achtstufigen Kreislauf von der Aufnahme des Stickstoffs bis zur Freisetzung des Ammoniaks, auf die eine erneute Stickstoffbindung folgen kann. Daß es acht Stufen

1 Fritz Haber (1868–1934) leitete 1911–1933 das Kaiser-Wilhelm-Institut für Physikalische Chemie in Berlin, emigrierte 1933 nach England. Nobelpreis für Chemie 1918.

2 Carl Bosch (1874–1940) wurde 1919 Vorstandsvorsitzender der BASF, 1935 Aufsichtsratmitglied der IG Farben. Nobelpreis für Chemie 1931.

sein müssen, weiß man, weil acht Elektronen benötigt werden, um aus einem Stickstoffmolekül und acht Wasserstoffionen zwei Moleküle Ammoniak und ein Molekül Wasserstoff zu machen. Während die Elektronentransportvorgänge sich durch Analogieschluß anhand ähnlicher Gegebenheiten in der Photosynthese erklären lassen, liegen die Einzelheiten dieses Kreisprozesses noch vollkommen im dunkeln. Man kennt bisher nur ein einziges Zwischenprodukt, das sich isolieren läßt, wenn man die Nitrogenase in flagranti erwischt: nämlich das Hydrazin, eine Verbindung aus zwei Stickstoff- und vier Wasserstoffatomen.

Das Molybdän-Eisen-Protein ist allerdings nicht nur eine Kreiselpumpe, sondern auch ein Elektronenschwamm. Führt man nämlich die Reaktion im Reagenzglas aus, so wird die erste Charge des Produkts (Ammoniak und Wasserstoff) schon freigesetzt, bevor alle acht benötigten Elektronen vom Eisenprotein zum Molybdän-Eisen-Protein geflossen sind. Daraus schließt man, daß das Protein, genauer gesagt, die Metallkomplexe, die es in seinem aktiven Zentrum enthält, eine gewisse Speicherkapazität für Elektronen besitzt.

Wenn nun anhand der vorliegenden Strukturmodelle der Mechanismus vollständig, das heißt mit allen Zwischenstufen und strukturellen Details, aufgeklärt werden soll, dann sind interdisziplinäre Ansätze besonders gefragt. Das Herzstück des Molybdän-Eisen-Proteins, ein sogenannter Cluster aus einem Molybdän-, sieben Eisen- und vier Schwefelatomen, dessen genaue Struktur durch die vorliegenden Arbeiten noch nicht zweifelsfrei geklärt ist, ist ein typisches Untersuchungsobjekt für die moderne anorganische Chemie. Sie befaßt sich schon seit geraumer Zeit mit mehr oder weniger spekulativen Modellverbindungen aus Molybdän, Eisen und Schwefel, die zwar von der Frage nach der Struktur und Funktion des aktiven Zentrums der Nitrogenase inspiriert waren, aber nicht einmal die korrekte Zusammensetzung an Metallatomen enthielten.

Demgegenüber sind die vorgeschlagenen Strukturen (Abbildung 7) zwar realistischer, aber immer noch nur Modelle, die sich eines Tages als falsch erweisen können. Von diesen ausgehend können Anorganiker und Biochemiker nun versuchen, den Molybdän-Eisen-Cluster zu imitieren oder Strukturvarianten zu entwickeln. Mit Hilfe dieser neuen Strukturen könnten sie nicht nur zum Verständnis der Funktion der Nitrogenase beitragen, sondern vielleicht auch eines Tages einen besseren Katalysator finden, der die technische Ammoniaksynthese bei Normaldruck und Raumtemperatur ermöglicht.

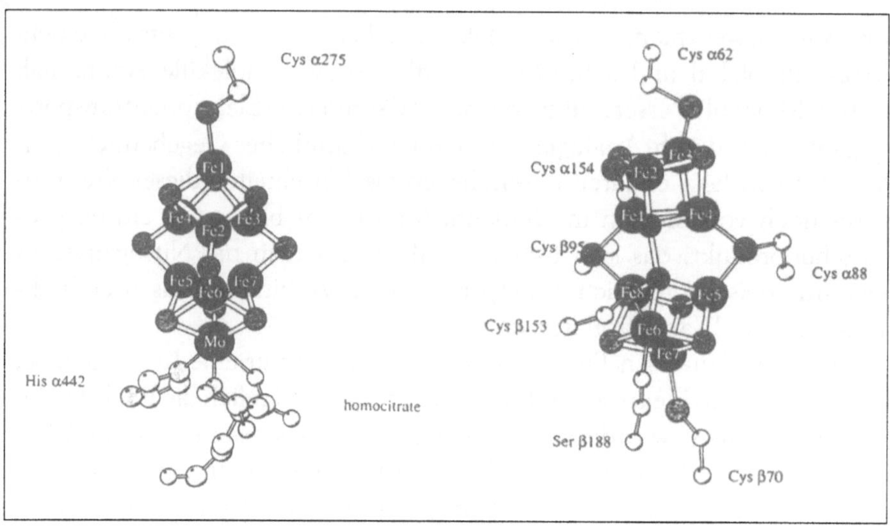

Abbildung 7: Modellbilder der Metallcluster in den aktiven Zentren der Nitrogenase. Links der Eisen-Molybdän-Cofaktor, der vermutlich an der Reduktion des Stickstoffs direkt beteiligt ist. Rechts der sogenannte P-Cluster des Eisenproteins, das die Elektronen an das Molybdän-Eisen-Protein liefert. Nach Rees (1993).

Wenn Strukturbilder laufen lernen: Schnappschüsse einer Enzymreaktion

Strukturbilder, welche die genaue Anordnung der vielen tausend Atome eines biologischen Makromoleküls, etwa eines Proteins, wiedergeben, haben das Gesicht der modernen, das heißt der «molekularen» Biologie entscheidend geprägt. Sie beruhen meist auf Ergebnissen aus der Röntgenstrukturanalyse von Kristallen der jeweiligen Substanzen. Diese klassische Methode liefert zwar schöne und oft bis auf den Durchmesser eines Wasserstoffatoms (0,1 nm) genaue Bilder, aus denen sich oft, wie in den oben beschriebenen Fällen der Muskelproteine und der Nitrogenase, wertvolle Hinweise auf die Funktionsmechanismen dieser «Nanomaschinen» gewinnen lassen.

Andererseits vermittelt diese Darstellungsweise, bei der die Position eines jeden Atoms im Raum genau festgelegt ist, aber auch einen falschen, weil statischen Eindruck von Proteinstrukturen. Das liegt daran, daß die Messung der Röntgenbeugung am Kristall so langsam vonstatten geht, daß man

$$\text{Enzym} - \text{COO}^- + \text{R} - \text{Cl} \xrightarrow{-\text{Cl}^-} \text{Enzym} - \text{CO} - \text{O} - \text{R}$$

$$\xrightarrow{+\text{H}_2\text{O}} \text{Enzym} - \text{COO}^- + \text{R} - \text{OH}$$

$$\text{Enzym} + \text{H}_2\text{O} \longrightarrow \text{Enzym} - \text{H}^+ + \text{OH}^-$$

$$\xrightarrow{+\text{R} - \text{Cl}} \text{Enzym} + \text{H}^+ + \text{R} - \text{OH} + \text{Cl}^-$$

Abbildung 8: Mögliche Reaktionsmechanismen für die Abspaltung von Chlor aus Chlorkohlenwasserstoffen durch die Haloalkan-Dehalogenase. Die in den vier Schnappschüssen festgehaltenen Zwischenstufen beweisen eindeutig, daß der obere Mechanismus der richtige ist. Nur bei diesem geht der dehalogenierte Kohlenwasserstoffrest vorübergehend eine kovalente Bindung mit dem Enzym ein.

zeitliche Strukturänderungen nicht sehen kann. Die Methode kann selbst langsame chemische Reaktionen, die sich über einige Minuten hinziehen, nicht entdecken, ganz zu schweigen von schnellen Fluktuationen, die sich in Millionstelsekunden abspielen. Man kann nur statistisch erfassen, welche Strukturen mit welcher Häufigkeit auftreten, nicht aber, wie sie sich ineinander umwandeln. Um den Ablauf einer Enzymreaktion «sehen» zu können, müßte man die Meßzeiten drastisch verkürzen und die «Reaktion» in allen Molekülen eines Kristalls gleichzeitig starten können. Beides haben Kristallographen in den vergangenen Jahren mit enormem technischem Aufwand versucht. Sie verwendeten energiereiche Synchrotronstrahlung und führten die Gleichzeitigkeit des Reaktionsablaufs durch Laserblitz-Photolyse eines vorher «gefesselten» Substratmoleküls herbei.

Eine Arbeitsgruppe im niederländischen Groningen hat 1993 demonstriert, daß dieser Aufwand entbehrlich ist. Man kann auch mit einfachen chemischen Tricks den zeitlichen Ablauf einer Enzymreaktion in Kristallstrukturbildern verfolgen, wenn man es schafft, die Reaktion so zu steuern, daß sie immer nur bis zu einem bestimmten Schritt abläuft.

Das Enzym, für das die Niederländer sich interessierten, spaltet Chlor aus chlorierten Kohlenwasserstoffen ab (Abbildung 8) und ist daher für eine mögliche biotechnologische Entschärfung dieser ozonschädigenden Substanzen im Gespräch. Tränkt man einen Kristall dieses Proteins im sauren Milieu (pH 5) bei 4°C mit einer Lösung eines geeigneten Substrats, etwa Dichloräthan, so wird dieses im aktiven Zentrum des Enzyms gebunden, aber nicht «bearbeitet». Die Röntgenstrukturanalyse dieses Kristalls liefert somit einen Schnappschuß vom ersten Schritt einer Enzymreaktion, der Erkennung und Bindung des Substrats durch das Enzym.

Führt man dieselbe Prozedur hingegen bei 20°C durch, so geht die Reaktion einen Schritt weiter und endet bei einem Zwischenprodukt, in dem der Kohlenwasserstoffrest kovalent an das Enzym gebunden ist, während das bereits abgespaltene Chloratom sich in Gestalt eines Chloridions im aktiven Zentrum befindet.

Den dritten Schnappschuß erhält man schließlich aus einem Kristall, der zwei Tage lang bei Raumtemperatur und nur noch schwach saurem pH der Substratlösung ausgesetzt wurde. In diesem Fall ist der Kohlenwasserstoffrest wieder von dem Enzym getrennt und hat das aktive Zentrum verlassen, während das Chloridion immer noch dort verweilt.

Einschließlich der Kristallstruktur des unbeladenen Enzyms gibt es nun also vier Momentaufnahmen, die den Mechanismus dieser enzymkatalysierten Reaktion recht umfassend beschreiben. Zwischen den zwei Reaktionswegen, die bisher zur Diskussion standen, ist nun eine eindeutige Entscheidung möglich, denn nur einer von beiden verläuft über ein kovalentes Zwischenprodukt. Ein Film aus vier Bildern mag manch einem recht kurz erscheinen – es ist aber zu bedenken, daß Enzymreaktionen unter günstigen Bedingungen in Millisekunden ablaufen und daß dieser Kurzfilm damit die Bildfrequenzen von Fernsehen und Kino um Größenordnungen übertrifft. Im Vergleich zu den bisherigen Möglichkeiten der klassischen Kristallographie stellt diese Bilderserie einen enormen Fortschritt dar. War man bisher auf die Beschreibung eines einzelnen Standbilds beschränkt, welches das Enzym sozusagen in der Sackgasse zeigte, wenn es gerade einen unverdaulichen Brocken, etwa einen dem Substrat ähnelnden Inhibitor geschluckt hatte, so bringt die Methode der Groninger Arbeitsgruppe nicht nur mehr Information, sondern bleibt dabei auch näher am natürlichen Reaktionsweg.

Und gegenüber der modernen Methode, die Synchrotronstrahlung und Laserblitze benötigt, hat dieses Verfahren den Vorteil, daß es so einfach ist wie das Ei des Kolumbus. Und mit genial-einfachen Ideen kann man auch 500 Jahre nach Kolumbus noch (Welt-) Bilder in Bewegung bringen.

Maßgeschneiderte Kristalle: Proteine erkennen Kristalloberflächen und steuern deren Wachstum

Warum, so fragte sich ein 25jähriger frischgebackener Pariser Chemiker im Jahre 1848, warum vermochte die Traubensäure, die sich doch chemisch ebenso verhielt wie Weinsäure, im Gegensatz zu dieser die Ebene des polarisierten Lichts nicht zu drehen? Er stellte eine übersättigte Lösung des Ammoniumsalzes der optisch inaktiven Traubensäure her und ließ sie über Nacht auf der Fensterbank seines Labors kristallisieren. Tags darauf entdeckte er unter dem Mikroskop zwei Arten von Kristallen, die sich – wie ein rechter und ein linker Handschuh – nicht zur Deckung bringen ließen, obwohl sie sonst dieselbe Geometrie hatten. Geduldig klaubte er mit einer Pinzette und dem Mikroskop die links- und rechtshändigen Kristalle auseinander. Er stellte von je einer Probe der beiden Kristallsorten eine Lösung her und maß deren optische Eigenschaften in einem Polarimeter. Die Kristalle, die exakt die Form von Weinsäurekristallen hatten, ergaben eine rechtsdrehende Lösung ebenso wie diese. Die zweite Lösung drehte das polarisierte Licht auch, und zwar um den gleichen Betrag in die entgegengesetzte Richtung. Damit hatte Louis Pasteur[3] aus der Chiralität (Händigkeit der Kristalle die Chiralität der Moleküle abgeleitet – zu einer Zeit, als man über deren Aufbau praktisch nichts wußte.

Knapp eineinhalb Jahrhunderte später sortierten Wissenschaftler wiederum Kristalle spiegelbildlicher Moleküle unter dem Mikroskop auseinander. Diesmal handelte es sich um ein Salz der Weinsäure, das Kalziumtartrat. Das scheint unmöglich, da die beiden Spiegelbildversionen

3 Louis Pasteur (1822–1895), französischer Chemiker, wurde vor allem durch die Entdeckung bekannt, daß Infektionskrankheiten durch Mikroorganismen ausgelöst werden. Er entwickelte Sterilisationsmaßnahmen (Pasteurisierung) und Schutzimpfungen und gründete das *Institut Pasteur* in Paris.

(Enantiomere) dieser Verbindung dieselbe, symmetrische, das heißt nicht chirale Kristallform bilden. Streicht man jedoch lebende Zellen, etwa kultivierte Nierenzellen des Krallenfroschs *Xenopus laevis* auf einer gemischten Kristallsuspension aus, so können diese die scheinbar gleichen Kristalle sehr wohl unterscheiden und siedeln sich in der ersten Phase des Experiments ausschließlich auf bestimmten Flächen der Kristalle der RR-Enantiomeren an. Mit dem an Pasteur angelehnten Sortierexperiment konnten Lia Addadi und ihre Mitarbeiter am Weizmann-Institut in Rehovot (Israel) zeigen, daß der Zellenbewuchs in den ersten Stunden des Experiments ein zuverlässiges Kriterium für die Trennung der enantiomeren Formen ist. Doch für die Zellen, die sich schnell für die «richtigen» Kristalle entschieden hatten, zeigt sich bald (d.h. nach etwa 24 Stunden) die Kehrseite der Medaille – die Bindung ihrer Zelloberflächenmoleküle an die kristalline Oberfläche ist so fest und starr, daß die Zellen absterben. Auf den «falschen» Kristallen hingegen, welche die Pioniergeneration der Zellen verschmäht hatte, siedelt sich nun langsam eine kleinere, weniger fest gebundene Population von Zellen an, die an diesem Standort tagelang überleben kann.

Daß die Moleküle der Zelloberfläche, wie hier demonstriert, in identischen Kristallformen die Chiralität der die Kristalle aufbauenden Moleküle erkennen können, ist nur ein Beispiel für die vielfältigen und oft verblüffend spezifischen Wechselwirkungen zwischen biologischen Makromolekülen und Kristallen. In einer neueren Arbeit konnte Addadis Gruppe zeigen, daß Antikörper gegen verschiedene Salze der Harnsäure und gegen die dem Harnsäure-Ion verwandte, aber neutrale Verbindung Allopurinol jeweils die Kristallisation genau der Verbindung, durch deren Kristalle die Antikörperbildung angeregt wurde, im Stadium der Keimbildung (Nukleation) fördern (Abbildung 9). Es handelt sich hier also gewissermaßen um eine völlig neue Art von katalytischen Antikörpern, die aus der Oberflächenbeschaffenheit ausgereifter Kristalle die spezifischen Bindungsstellen entwickeln, welche die Bildung des vielleicht aus 20 oder 30 Einheiten bestehenden Kristallisationskeims katalysieren.

Was sich in dieser Beschreibung wie eine interessante biochemische Spielerei anhört, ist tatsächlich ein alltäglicher physiologischer Vorgang von immenser medizinischer Bedeutung. Die Symptome eines Gichtanfalls sind nämlich genau darauf zurückzuführen, daß sich Kristalle eines Harnsäuresalzes in einem Gelenk anreichern und vom Immunsystem – das heißt zunächst von Antikörpern – als Fremdstoff erkannt werden (obwohl dieselbe Verbindung in gelöster Form keine Immunantwort auslöst), was eine Entzündung des Gelenks zur Folge hat. Die Ergebnisse von Addadis Arbeitsgruppe zeigen, daß die Auslösung der Entzündungsreaktion über die spezifische Erkennung durch Antikörper die wahrscheinlichste Erklärung ist. Sie legen außerdem nahe, daß (wie bei manchen anderen Krankheiten auch) das Immunsystem die Sache nur noch schlimmer macht, indem nämlich die gegen die Kristalle gerichteten Antikörper die Bildung weiterer Kristalle begünstigen und die Schwelle zu neuen Gichtanfällen herabsetzen. Und zum Verschwinden der Störenfriede kann die Immunantwort in diesem Fall nicht beitragen, da ihr Vernichtungssystem auf Makromoleküle und Zellen, nicht aber auf Kristalle eingerichtet ist.

Proteine, welche mit Kristallflächen wechselwirken und dadurch die Bildung von Kristallen fördern, hemmen oder in eine bestimmte Kristallform (Morphologie) zwingen, können aber auch nützlich sein, etwa in der Biomineralisation oder zum Kälteschutz. Zur Erlangung von Frostresistenz bedienen sich höhere Organismen zweier genau entgegengesetzter Mechanismen. Manche Lebewesen verhindern das Gefrieren ihrer Körperflüssigkeiten durch Zusatz eines Frostschutzmittels – meist einer inerten organischen Verbindung, die einfach den Gefrierpunkt der Mischung herabsetzt, manchmal aber auch mit Hilfe von Frostschutzproteinen, welche die Kristallisationskeime des Eises so binden, daß sie nicht weiterwachsen können. Genau das Gegenteil machen Eisnukleationsproteine. Gewisse Frosch- und Schildkrötenarten in Kanada überstehen den arktischen Winter, indem sie sich «freiwillig» einfrieren. Wie kanadische Wissenschaftler herausfanden, können die Tiere nach bis zu zwei Wochen Dauerfrost – wobei zeitweise 65 Prozent ihres Wassergehalts als Eis vorliegt – unbeschadet wieder aufgetaut werden. Sie reichern ihr Blut zu diesem Zweck mit Eisnukleationsproteinen an, die bewirken, daß die extrazelluläre flüssige Phase mit einem Schlag und ohne Schaden für die Zellen gefriert.

Auch Bakterien aus den Gattungen der Pseudomonas, Xanthomonas und Erwina scheiden Eisnukleationsproteine aus, um die Eisbildung in ihrer direkten Umgebung zu steuern. *Pseudomonas syringae* wird deshalb zur Herstellung künstlichen Schnees verwendet, was allerdings aus Umweltschutzgründen umstritten ist, da diese Bakterien bei bestimmten Pflanzen Krankheiten auslösen können. Gängige Modellvorstellungen über die Funktionsweise der Eisnukleationsproteine besagen, daß die in ihrer Sequenz aus

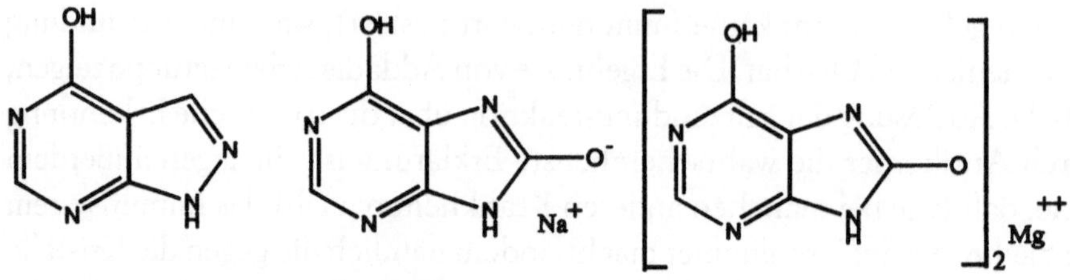

Allopurinol | Natriumurat | Magnesiumurat

Allopurinol-Kristalle | Natriumurat-Kristalle | Magnesiumurat-Kristalle

Sterilisieren der Kristalle durch UV-Bestrahlung

Immunisierung von Kaninchen durch Injektion der Kristalle
(achtmal in einwöchigem Abstand)

Antiseren

Reinigung der IgG-Fraktionen

Ig G gegen Allopurinol-Kristalle | IgG gegen Natriumurat-Kristalle | IgG gegen Magnesiumurat-Kristalle

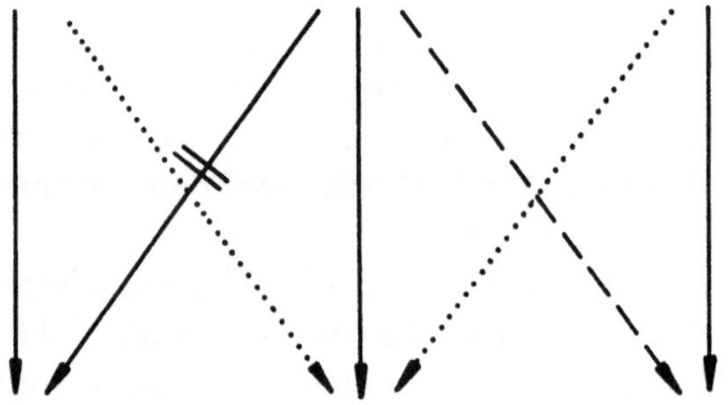

Allopurinol-Kristalle | Natriumurat-Kristalle | Magnesiumurat-Kristalle

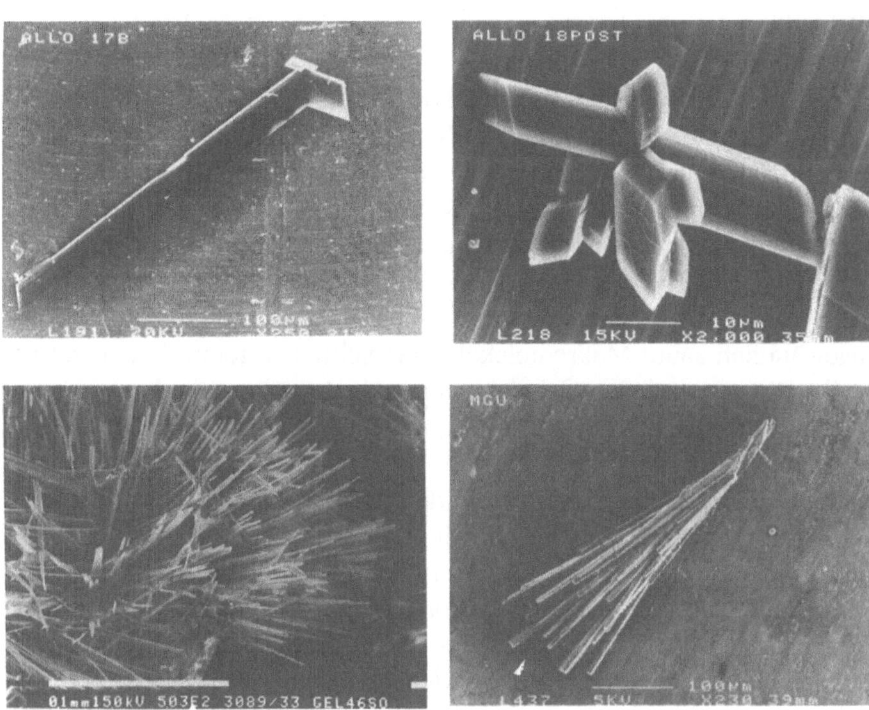

Abbildung 9:
< a) Schematische Darstellung des Experiments zur Überprüfung der Spezifität der gegen Harnsäure-Verbindungen und Analoge gerichteten Antikörper. Immunisiert man Kaninchen mit Kristallen der Verbindungen Allopurinol, Natriumurat oder Magnesiumurat, so erhält man Antiseren, aus denen man Antikörper (IgG) isolieren kann, die jeweils spezifisch die Kristallisation derjenigen Verbindung katalysieren, deren Kristalle die Immunantwort ausgelöst hatten (Pfeile). Kreuz-Experimente (unten) ergeben schwächere Förderung der Kristallisation (gestrichelte Pfeile) oder keinen signifikanten Effekt (gepunktete Pfeile), in einigen Fällen sogar eine Hemmung der Kristallbildung (durchgestrichene Pfeile).
b) Oben: Elektronenmikroskopische Aufnahmen der Kristalle von Allopurinol (in Abwesenheit und in Anwesenheit des Antikörpers gezüchtet), Natriumurat und Magnesiumurat. Bei den letzteren beiden Verbindungen verändert die Gegenwart des spezifischen Antikörpers die Kristallform nicht.

zahllosen Wiederholungen relativ kurzer Aminosäureblöcke bestehenden Proteine eine β-Faltblatt-Struktur ausbilden, die offenbar in ihrer Periodizität einer Kristallfläche des Eises entspricht.

Schließlich beruht der Vorgang der Biomineralisation, dem wir unsere Knochen und Zähne und zahlreiche Tiere wie Muscheln, Schnecken, Krebse ihre Schalen verdanken, darauf, daß Biomoleküle die Bildung fester Phasen steuern können. Sie entscheiden, ob die Mineralisierung zu amorphen oder (mikro)kristallinen Phasen führt, und können auch die Kristallisation auslösen, zu bestimmten Kristallformen (Morphologien) lenken, die Kristallisation räumlich begrenzen und beenden. In vielen Fällen (allerdings nicht im Wirbeltierknochen) führt eine Klasse von Proteinen die Regie, deren Mitglieder ob ihrer exotischen Eigenschaften oft nicht als Proteine, sondern als «ungewöhnlich saure Makromoleküle» bezeichnet werden. Auffallend ist vor allem ihr extrem hoher Gehalt an sauren Aminosäureseitenketten – jede zweite bis dritte Aminosäure in der Sequenz ist Asparaginsäure – sowie eine große Zahl von Zucker- und Phosphorsäurebestandteilen, die an bestimmte Aminosäuren nach der Proteinbiosynthese angeknüpft werden. Zum Beispiel kann der Anteil der phosphorylierten Aminosäure Phosphoserin in einem solchen Molekül bis zu 50 Prozent betragen. All diese Eigenschaften bewirken, daß diese Proteine mit herkömmlichen Reinigungs- und Charakterisierungsmethoden nur schwer zu fassen sind. Oft lassen sich nicht einmal die Molekulargewichte mit hinreichender Genauigkeit bestimmen. Vermutlich können sie ähnlich wie die Eisnukleationsproteine ausgedehnte β-Faltblatt-Strukturen bilden. Obwohl man im Reagenzglas nachweisen kann, daß die Anwesenheit dieser Moleküle die Kristallisation der Mineralstoffe, die etwa Muschel- oder Eierschalen bilden, beeinflußt und zu Materialien führt, die oft den natürlichen verblüffend ähneln, ist der Mechanismus ihrer Einwirkung in der lebenden Zelle umstritten. Denkbar wäre, daß die sauren Proteine in Lösung und/oder an eine Membran gebunden die Keimbildung, Orientierung der Keime und/oder das Wachstum der Kristalle beeinflussen.

In vielen Fällen – etwa bei den stets in derselben Richtung spiralig gewundenen Schneckenhäusern – führt die Steuerung der Kristallisation durch chirale Biomoleküle dazu, daß das resultierende makroskopische Objekt ebenso wie Pasteurs Kristalle der Traubensäure eine Händigkeit aufweist, obwohl die Bausteine (Kalziumphosphat) in diesem Fall achiral sind.

Vom Gen zum Protein

Nachdem wir uns nun von der Nützlichkeit der Proteine überzeugt haben, bleibt die Frage: Wie macht man ein Protein? Wie macht die Zelle ihre Proteine? Man ahnt es fast – mit Hilfe anderer Proteine! Und wie kann man ähnlich wirksame Nanomaschinen für nichtbiologische Systeme herstellen? In der Zelle ist der Weg festgelegt: Vom Bauplan (DNA) zur Boten-RNA, zur unstrukturierten Aminosäurekette, zum gefalteten Protein und schließlich, nach Ablauf des Verfallsdatums, zum Abbau. Entlang dieses Weges finden sich viele hochaktuelle Forschungsgebiete, vom Genomprojekt über die Faltungshelfermoleküle bis zum «Proteasom». Deshalb wollen wir dem Lebensweg eines Proteins folgen und dabei auch einige kleine Abstecher zu aktuellen Forschungsprojekten machen. Auf allen Stationen werden uns wiederum Proteine begegnen, die als Polymerisationskatalysatoren, Faltungshelfer und als Zerstörungsmaschinen tätig sind. Doch zunächst wollen wir einen Blick in die Baupläne werfen.

Die Sprache der Gene: Methoden der Linguistik helfen bei der Entschlüsselung der Erbsubstanz

Victor F., Student der Naturphilosophie zu Genf, versuchte es mit Brachialmethoden. Knochen aus dem Schlachthaus und dem Sezierzimmer waren das Baumaterial, aus dem er versuchte, einen Menschen zu fabrizieren. Das Ergebnis war mehr ein Monster als ein Mensch und brachte am Ende seinen Schöpfer ums Leben und die Zunft der Wissenschaftler nachhaltig in Verruf.

Da Mary Shelleys Roman *Frankenstein* 1816 erschien, konnte *ihre* Kreatur noch nicht wissen, daß der Bauplan des Menschen, der festlegt, wie sich eine befruchtete Eizelle zu einem hochkomplexen und in der Regel nicht monströsen Lebewesen entwickelt, in jedem einzelnen Vertreter der Spezies in Milliardenauflage vervielfältigt wird. Jede Zelle enthält in ihrem Kern eine doppelte Abschrift der mindestens 30000 Gene, die alle unsere erblichen Eigenschaften bestimmen, sichtbare, wie Augenfarbe und abstehende Ohren, ebenso wie unsichtbare, etwa Gestalt und Funktion der den Stoffwechsel regulierenden Enzyme. HUGO (Human Genome Project) ist ein weltweites Forschungsprojekt, das 1988 ins Leben gerufen wurde, um diesen Plan zu entschlüsseln. Anstatt fortwährend bestimmte Gene, etwa für Erbkrankheiten, Krebsanfälligkeit etc., wie Nadeln im Heuhaufen zu suchen, hat man sich vorgenommen, den Heuhaufen Strohhalm für Strohhalm auseinanderzusortieren und zu beschreiben. Das Unternehmen, das auch aus ethischen Gründen umstritten ist, scheint auf den ersten Blick aussichtslos – mit den Techniken von 1990 wären dafür mehr als 100000 Forscherjahre notwendig.

Diesem Problem versuchen die Genforscher durch die Entwicklung effizienterer und weitestgehend automatisierter Methoden zur Bestimmung der Abfolge (Sequenz) der Bausteine des Erbmaterials DNA zu begegnen. Doch selbst wenn man die Methoden und Arbeitskräfte zur Sequenzierung aller menschlichen Gene verfügbar hätte, stellte sich sofort ein weiteres schweres Problem: Die Gene verteilen sich wiederum auf einem noch gigantischeren Heuhaufen aus scheinbar nichtssagenden DNA-Abschnitten, und man wüßte nur zu gerne, wie man die biologisch relevanten DNA-Abschnitte schnell und einfach von den sie umgebenden «sinnlosen» Bereichen unterscheiden könnte. Dafür könnte sich ein ungewöhnlich interdisziplinärer Ansatz als nützlich erweisen, über den Graziano Pesole und Mitarbeiter von der Universität Bari (Italien) im Jahre 1994 berichteten. Statistische Methoden der Linguistik sollen helfen, diejenigen Sequenzabschnitte ausfindig zu machen, die eine «Botschaft» haben. Weiterhin könnten sie auch dazu beitragen, diese Botschaften zu entziffern und in Beziehung zu verwandten Sequenzen zu setzen.

Parallelen zwischen der genetischen «Sprache» und den Sprachen der Menschen sind zahlreich – nicht umsonst verwenden Genetiker und Biochemiker viele aus dem Bereich der Sprache übernommene Begriffe. Sie sagen etwa, daß der genetische *Code* die *Übersetzung* (Translation) zwischen Nukleinsäuren und Proteinen festlegt. Dabei besteht die Sprache der Gene nur aus vier Buchstaben. Die Wörter (Codons) der Genetik enthalten jeweils drei Buchstaben, deren Gruppierung durch den *Lese*rahmen bestimmt wird. Prinzipiell könnte eine Reihe aus n Nukleinsäurebausteinen (Nukleotiden) 4^n mögliche «Sätze» bilden. Schon für kurze DNA-Abschnitte steigt diese Zahl schnell ins Astronomische. Ein typisches Startsignal für die Transkription eines Gens in eine Boten-RNA enthält sieben Bausteine – macht 16384 Variationsmöglichkeiten. Daraus, daß nur sehr wenige dieser Möglichkeiten in der Natur genutzt werden, schließt man, daß es so etwas wie eine Grammatik der DNA geben muß, der es allerdings an Interpunktion mangelt sowie an der Möglichkeit, sprachliche Umsetzung durch Zwischenräume zu strukturieren. Auch in ihrer Nicht-Eindeutigkeit ähnelt die genetische eher der gesprochenen als der geschriebenen Sprache.

Jenseits dieser Ebene der anschaulichen Ähnlichkeiten zwischen genetischer und menschlicher Sprache sind die linguistisch-statistischen Methoden jedoch äußerst abstrakt und können nur durch einen Wust von Gleichungen beschrieben werden. Genlinguisten analysieren zum Beispiel, wie sich eine gegebene Abfolge von DNA-Nukleotiden in kürzere Wörter zerlegen läßt. Da sie aber nicht von vornherein wissen, ob der betrachtete DNA-Abschnitt einen Sinn ergibt, müssen sie alle möglichen Unterteilungen betrachten und statistisch auswerten. Sie untersuchen etwa die linguistische Homogenität eines «genetischen Textes», den sie in «Markowsche Ketten» zergliedern, oder beschreiben die «Komplexität» einer gegebenen Sequenz, indem sie sich wiederholende Motive durch einfache Abkürzungen ersetzen.

Auf diesen Vorgehensweisen bauen sie dann komplizierte Algorithmen (Rechenvorschriften) auf, die zur Beschreibung genetischer Sequenzen und zur Prognose ihrer biologischen Relevanz verwendet werden können. Diese Algorithmen ähneln in gewisser Weise jenen, die Evolutionsforscher zum Auffinden von Verwandtheitsgraden ersannen. Kein Wunder, schließlich sind unsere Sprachen ja auch, ebenso wie der genetische Code, ein Produkt der Evolution.

Fünf Minuten Frist für einen lebenswichtigen Auftrag: Das kurze Leben eines Insulinmoleküls

Der Bauplan des Lebens liegt in dem Erbmaterial DNA, aber die Bausteine und Maschinenteile, mit deren Hilfe der Plan verwirklicht wird, sind andere Moleküle: Proteine, Kohlenhydrate, Fette. Die größte Vielfalt in ihren Eigenschaften weisen die Proteine auf, obwohl sie alle nach denselben Prinzipien als lange Kettenmoleküle aus denselben Bausteinen, den Aminosäuren, aufgebaut werden. Sie beschleunigen und kontrollieren als Enzyme die chemischen Reaktionen des Stoffwechsels, sie bilden Faserstrukturen, erkennen als Teile des Immunsystems Fremdstoffe und Krankheitserreger, sorgen für Bewegung im Muskel und für die Klarheit der Augenlinse. Ihre kleineren Verwandten, die Peptidhormone, bestehen aus weniger als 100 Aminosäurebausteinen und dienen der Übermittlung einfacher Infor-

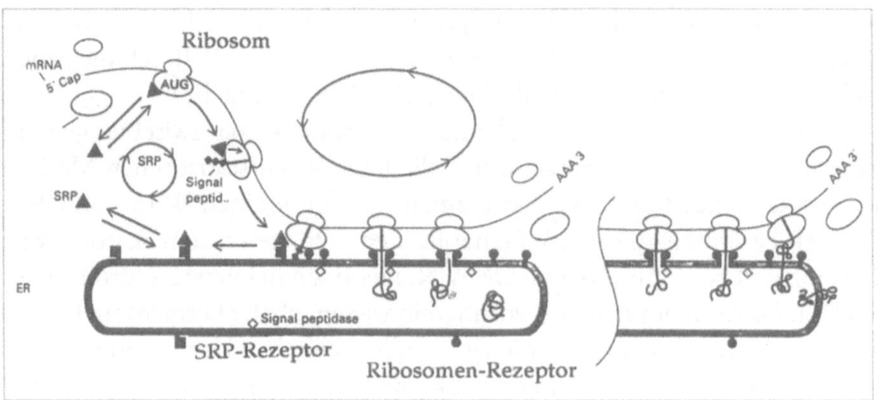

Abbildung 10: Weg eines Proteins von der Proteinbiosynthese in das endoplasmatische Retikulum bzw. zur Sekretion. Nach T.E. Creighton: *Proteins. Structures and molecular properties* (2. Auflage).

mationen zwischen verschiedenen Zellen. Je nach ihrer Funktion ist die Lebensdauer von Proteinen sehr unterschiedlich. Peptidhormone, die ein Signal übermitteln, müssen zerstört werden, sobald die Information nicht mehr «aktuell» ist. Die Proteine der Augenlinse von Wirbeltieren hingegen müssen ein Leben lang halten, sonst wird die Linse trübe. Eines der kurzlebigen Proteine ist zum Beispiel das Insulin, dessen aktive Form im Blut eine Lebenserwartung von etwa fünf Minuten hat. Es ist zu klein, um ein richtiges Protein zu sein, deshalb sagt man «Peptidhormon», aber die meisten allgemeinen Erkenntnisse aus der Biochemie der Proteine gelten für Insulin genauso wie für die Großen, die Enzyme, Antikörper und Strukturproteine.

Der Lebensweg des Insulins im Organismus (Abbildung 10) beginnt wie der aller Proteine mit der Proteinbiosynthese. Ort der Handlung ist in diesem Fall eine der sogenannten B-Zellen der Langerhansschen Inseln (daher der Name Insulin) in der Bauchspeicheldrüse. Die Maschine, die Proteine herstellt, ist das Ribosom, das seinerseits wieder aus mehr als 80 Proteinmolekülen und vier Nukleinsäuresträngen besteht.[4] Die Information, welcher Ami-

4 Diese Angaben gelten für Eukaryonten. Die wesentlich besser erforschten Bakterien-Ribosomen enthalten «nur» 55 Protein- und drei RNA-Moleküle.

nosäurebaustein wann eingebaut werden soll, liest das Ribosom von einem Nukleinsäuremolekül, der Boten-RNA, ab. Weil die Information dabei aus der Sprache der Nukleinsäuren in die Sprache der Proteine übersetzt wird, heißt der Vorgang der Proteinbiosynthese auch «Translation». Die intensive Erforschung der Proteinbiosynthese und der Ribosomenstruktur in den letzten 25 Jahren durch relativ wenige, hochspezialisierte Arbeitsgruppen hat zwar ein grobgerastertes Bild von Aufbau und Funktion der beteiligten Moleküle erbracht, viele Detailfragen sind aber immer noch unbeantwortet.

Das Ribosom synthetisiert ein Vorläufermolekül des Insulins, eine 103 Aminosäuren lange Kette. Da es pro Sekunde etwa fünf Aminosäuren einbauen kann, braucht es dafür nicht länger als 20 Sekunden. Die ersten 19 Bausteine sind eine sogenannte Signalsequenz. Das ist die Postleitzahl, die angibt, in welchen Bereich der Zelle das frisch hergestellte Protein verschickt werden soll. Kaum schaut die Signalsequenz aus dem Ribosom heraus, so tritt auch schon der Transportmechanismus der Zelle in Aktion. Ein freundlicher Helfer, das sogenannte Signalerkennungspartikel, erkennt die Signalsequenz, unterbricht die Translation für kurze Zeit und dirigiert das entstehende Protein mitsamt dem Ribosom zu der Membran eines Zellkompartiments, das auf den schwierigen Namen Endoplasmatisches Retikulum hört, aber meistens nur ER genannt wird. Das Ribosom wird an dieser Membran angedockt und die Proteinkette sofort beim Entstehen durch die Membran hindurchgefädelt. Auf der anderen Seite der Membran, also im ER, wird die Signalsequenz abgespalten, da sie nun nicht mehr benötigt wird. Adressierung und Transport von Proteinen sind in den achtziger Jahren intensiv erforscht worden und sind auch heute noch ein wichtiges Thema der aktuellen zellbiologischen Forschung. Die lange Kette aus nunmehr 84 Aminosäurebausteinen beginnt nun ohne fremde Hilfe, sich in ihre dreidimensionale Struktur zu falten, die das Protein später zur Ausübung seiner spezifischen Funktion brauchen wird. Ohne fremde Hilfe heißt, daß die ganze Information, die zur Ausbildung der räumlichen Struktur benötigt wird, in der Abfolge der Aminosäurebausteine enthalten ist. Aus der Membran des ER schnürt sich dann ein Kügelchen (Vesikel) ab, welches das Insulin weitertransportiert zum Golgi-Apparat, der Sortierstation der Zelle. Hier wird aus dem Molekül, das bis jetzt immer noch inaktiv war, ein 30 Aminosäuren langer Abschnitt entfernt. Dadurch wird das Insulin in zwei Teile – die A- und die B-Kette – zerteilt, die aber durch zwei Querverbindungen zusammengehalten werden. Diese Bindungen nennt man Disulfidbrücken, weil die entscheidende chemische Bindung zwischen zwei Schwefelatomen geknüpft wird. Die Zusammensetzung des Insulins aus zwei disulfidverbrückten Ketten und die Abfolge der Aminosäurebausteine innerhalb der Ketten wurden von dem britischen Biochemiker Frederick Sanger[5] aufgeklärt, der für diese Leistung 1958 den Chemie-Nobelpreis erhielt.

Das aktive Insulin wird wiederum in kleine Membrankügelchen verpackt, die sogenannten Speichergranula. Bemerkt unsere B-Zelle, daß der Blutzuckerspiegel – z. B. nach einer Mahlzeit – zu hoch ist, was bedeutet, daß Glucose (Traubenzucker) verwertet oder als Glykogen gespeichert werden muß, so verschmelzen diese Membrankügelchen mit der Zellmembran und setzen damit das Insulin frei, das so in den Blutkreislauf gelangt. Durch das Blut wird das Insulin zu seinem Ziel gebracht, einem Rezeptorprotein in der Membran einer Leberzelle. Allein die insulinbindende Untereinheit dieses Membranproteins ist mehr als zwanzigmal so groß wie das Insulin selbst. Hat der Rezeptor das Insulinmolekül gebunden, so bedeutet das für die Leberzelle den Befehl, daß sie verstärkt Glucose aus dem Blut aufnehmen und verarbeiten muß. Der weitere Weg der Information im Inneren der Leberzelle ist noch nicht vollständig aufgeklärt.

Hat das Insulinmolekül seine Aufgabe erfüllt, so wird es in der Leber inaktiviert, indem die chemischen Bindungen zwischen A- und B-Kette gelöst werden. Die beiden getrennten Ketten können sich dann nicht wieder zu einem aktiven Molekül zusammenfinden, denn dazu fehlt ihnen die Hilfe des herausgeschnittenen Mittelteils. Sie werden dann von Enzymen, die auf die Vernichtung nicht mehr gebrauchter Proteine spezialisiert sind, abgebaut, das heißt in ihre Aminosäurebausteine zerlegt. Insulin übermittelt also die Nachricht, daß im Blutkreislauf reichlich Nährstoff vorhanden ist, an die Leber, die hauptsächlich für Speicherung und Verwertung zuständig ist, sowie an andere Zellen zum Beispiel im Fett- und im Muskelgewebe. Kann die Bauchspeicheldrüse kein oder nicht genügend Insulin produzieren, so führt dies zum Krankheitsbild des Diabetes. Dieses ist hauptsächlich durch erhöhten Glucose- und Fettsäuregehalt im Blut charakterisiert. Die Nährstoffe können nicht verwertet werden, weil die Nachricht vom Nährstoffüberschuß nicht ankommt, und werden mit dem Harn ausgeschieden. Zu

5 Frederick Sanger (geb. 1918) erhielt zwei Nobelpreise für Pionierarbeiten in der Sequenzanalyse – 1958 für die der Proteine und 1980 für die der Nukleinsäuren.

Anfang dieses Jahrhunderts konnte Diabetikern praktisch nicht geholfen werden. Im Jahre 1921 gelang es Banting und Best[6], Insulin zu isolieren und nachzuweisen, daß es bei diabeteskranken Hunden den Blutzuckerspiegel senkt. Seit 1923 kann Schweineinsulin, das sich nur in einem Aminosäurebaustein vom menschlichen Insulin unterscheidet, in großen Mengen gewonnen werden. Der Austausch der einen Aminosäure – die Umwandlung von Schweineinsulin in Humaninsulin – ist auf biotechnologischem Wege seit 1983 möglich. Die Pläne der Firma Hoechst, mit Hilfe gentechnisch veränderter Bakterien Humaninsulin zu produzieren, wurden 1989 wegen der unsicheren Rechtsgrundlage zum Betrieb gentechnischer Anlagen durch ein Gerichtsurteil vorläufig gestoppt, was zur beschleunigten Verabschiedung des Gentechnik-Gesetzes führte. Inzwischen ist jedoch die Anlage genehmigt und der Produktionsbeginn für 1997 geplant.

Kompaßnadeln auf dem Faltungsweg: Kernresonanzspektroskopie hilft, die Entstehung der Raumstruktur von Proteinen zu verstehen

Ein richtiges Enzym, doppelt so groß wie Insulin und enorm geschichtsträchtig, ist das Protein, anhand dessen wir noch einen genaueren Blick auf die Proteinfaltung werfen wollen, jenen Prozeß also, bei dem sich eine lange, ungeordnet umherflatternde Peptidkette in ein wohlgeordnetes dreidimensionales, durch ein Netzwerk von Wechselwirkungen zusammengehaltenes Gebilde verwandelt. Bei Faltungsstudien kehrt man den Prozeß der Proteindenaturierung um, wie er zum Beispiel auftritt, wenn wir ein Ei kochen. Max Perutz[7] nannte den Vorgang scherzhaft «unboiling an egg» – ein Ei entkochen. Mit solchen Rückfaltungsexperimenten versucht man, die Wege, auf denen aus der eindimensionalen Information der Aminosäuresequenz die dreidimensionale Struktur entsteht, herauszufinden. Diese «zweite Hälfte

6 Sir Frederick Grant Banting (1891–1941) erhielt 1923 den Nobelpreis für Medizin. Charles Herbert Best (1899–1978) war Professor in Toronto.

7 Max Perutz (geb. 1914) gründete das Laboratorium für Molekulare Biologie in Cambridge, England, das er bis 1979 leitete. Für die erste Röntgenstrukturanalyse eines Proteins (Hämoglobin) erhielt er 1962 den Nobelpreis für Chemie.

des genetischen Codes» ist nämlich bis heute ein Rätsel geblieben. Und angesichts der Tatsache, daß man heute nahezu beliebige Aminosäuresequenzen in beliebigen Mengen von Bakterien erzeugen lassen kann, ist der Umstand, daß man nicht vorhersagen kann, ob eine neu erfundene Sequenz eine definierte dreidimensionale Struktur annimmt – und wenn ja, welche – , ein erhebliches Ärgernis. Zunächst wollen wir, in diesem und dem folgenden Kapitel, die Faltung im Reagenzglas («in vitro») betrachten, bevor wir uns in den darauffolgenden Kapiteln in den Dschungel der Faltung in der Zelle («in vivo») vorwagen.

Unser Modellprotein wurde im Jahre 1922 von Alexander Fleming[8] entdeckt, der sechs Jahre später mit der Entdeckung des Penicillins zu Weltruhm und 1945 zu dem Nobelpreis für Medizin kommen sollte. Fleming hatte im wahrsten Sinne des Wortes den richtigen Riecher, denn ein Tropfen aus seiner Nase, der die Bakterien auf einer Agarplatte angriff, verhalf ihm zu der Erkenntnis, daß menschliche Körpersekrete (z.B. Tränen, Nasenschleim) ein Enzym enthalten, das für viele Bakterien tödlich ist. Der ersten natürlichen Substanz mit dieser (vor der Entdeckung des Penicillin) unerhörten Eigenschaft gab Fleming den Namen Lysozym (ein En*zym*, das Bakterien *lysi*ert, d.h. ihre Zellwände zerstört).

Lysozym, insbesondere in der Variante, die sich leicht aus Eiklar gewinnen läßt, gehört heute zu den Veteranen der Enzymologie; außerdem ist es das Standardsystem der Proteinkristallographie, und wir wissen über kaum ein Protein soviel wie über dieses. Solch ein solider Unterbau aus Daten und Fakten gibt Mut zum Erproben neuerer Techniken, und so wurde Lysozym wiederum zum Modellprotein erkoren, als die Arbeitsgruppe von Christopher M. Dobson an der Universität Oxford sich daran machte, mit Hilfe der kernmagnetischen Resonanzspektroskopie (NMR, für engl. *nuclear magnetic resonance*) die Struktur des Proteins in Lösung zu bestimmen (im Gegensatz zu der Röntgenstrukturanalyse, welche lediglich die Struktur eines kristallisierten Moleküls ermitteln kann) und Details über den Weg zu ermitteln, auf dem es, von der entfalteten und ungeordneten Aminosäurekette ausgehend, diese Struktur erwirbt.

Die NMR-Spektroskopie beruht darauf, daß Radiowellen Atomkerne, die sich in einem starken Magnetfeld befinden, in einen höheren Energiezu-

8 Alexander Fleming (1881–1955) war Professor in London.

stand versetzen können. (Die Elementarmagnete, die sich normalerweise in Richtung des Magnetfeldes orientieren, werden «umgeklappt», wie wenn man eine Kompaßnadel um 180 Grad dreht.) Da sich benachbarte Atomkerne in ihrem Verhalten gegenseitig beeinflussen, kann man aus NMR-Spektren auf die Abstände der Atome und damit auch auf die Struktur der Verbindung zurückschließen. Waren NMR-Untersuchungen zunächst nur auf kleine organische Moleküle beschränkt, so konnten in den achtziger Jahren mehrdimensionale NMR-Techniken entwickelt werden, deren höhere Auflösung auch die Untersuchung kleinerer Proteine mit bis zu 200 Aminosäurebausteinen ermöglicht. So konnten etwa von den sogenannten Amidprotonen (das sind die Wasserstoffatome, die direkt an ein Stickstoffatom im Rückgrat der Proteinkette gebunden sind; es gibt davon in der Regel eins pro Aminosäurebaustein) des Lysozyms sämtliche zugehörigen NMR-Signale identifiziert werden. Damit verfügt man über eine Methode, mit der man Veränderungen in der direkten Umgebung jeder einzelnen der 126 Aminosäuren des Proteins beobachten kann.

Aufgrund der mit den modernen NMR-Techniken gegebenen günstigen Voraussetzung konnten die Wissenschaftler überraschende Erkenntnisse über den Faltungsmechanismus des Lysozyms gewinnen. Zwar kann man die schnellen Faltungsprozesse mit NMR nicht in Echtzeit verfolgen, aber man kann für verschiedene kurze Zeitintervalle während der Faltung den Austausch von Wasserstoffatomen gegen das schwere Wasserstoffisotop Deuterium ermöglichen. Rund die Hälfte der Amidprotonen sind im gefalteten Zustand gegen diesen Austausch geschützt, im entfalteten jedoch nicht. Nach Abschluß der Rückfaltung kann man also per NMR untersuchen, an welcher Stelle des Proteins dieser Schutzeffekt zu welchem Zeitpunkt eingetreten ist.

Auf diese Weise fand man heraus, daß verschiedene Bereiche des Proteins verschieden schnell falten, außerdem wählte ein Teil der Moleküle einen anderen Faltungsweg als der Rest. Diese Ergebnisse brachten das sogenannte Zwei-Zustands-Modell zu Fall, das einen einfachen direkten Weg zwischen völlig strukturiertem (gefaltetem) und völlig unstrukturiertem (entfaltetem) Lysozym vorsah.

Auch über die Struktur des Lysozyms bringt die NMR-Technik neue Erkenntnisse. Zwar gibt es bereits Dutzende von Kristallstrukturen von Lysozym – gemessen bei verschiedenen Temperaturen, Pufferbedingungen, Salzkonzentrationen, bei Wassermangel und unter hohem Druck, mit verschiedensten Inhibitormolekülen etc. Doch der entscheidende Vorteil der

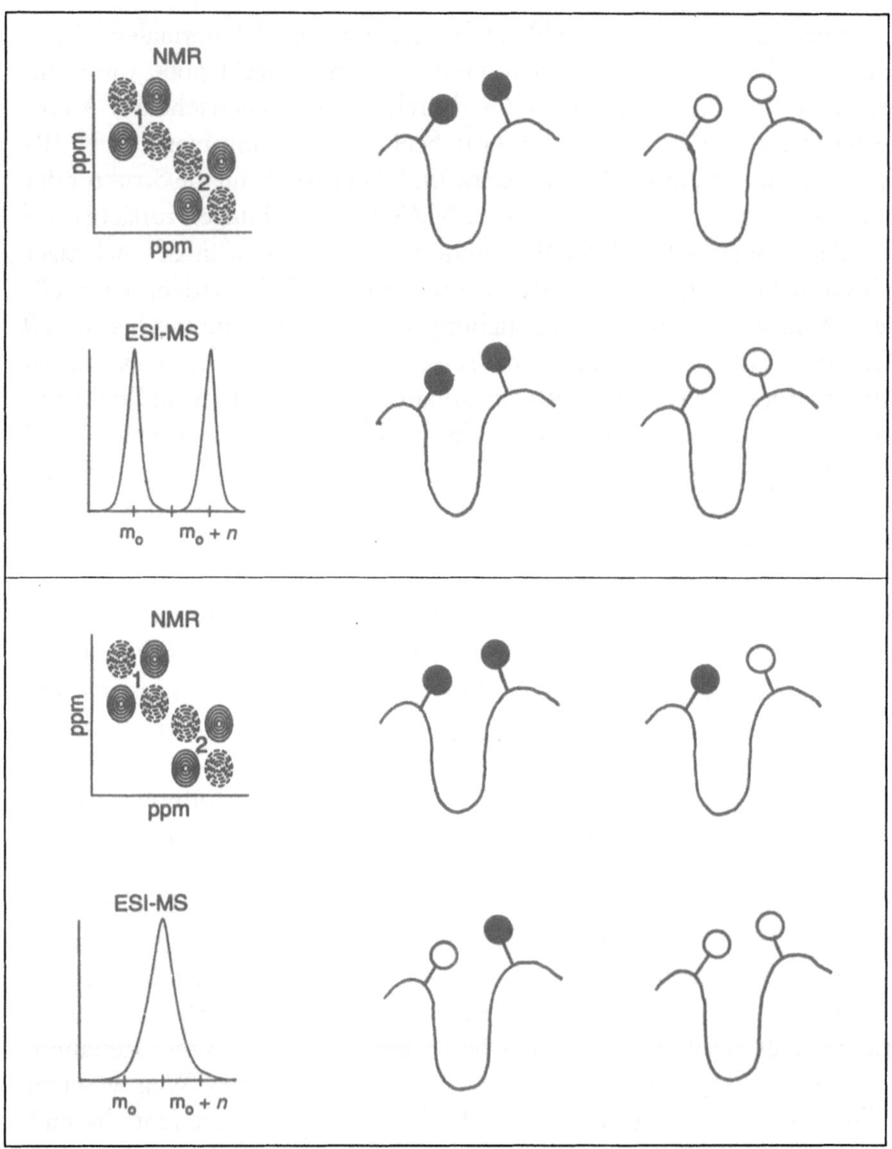

Abbildung 11: Die Untersuchung des Wasserstoff-Isotopenaustauschs mittels NMR und Massenspektrometrie ergibt komplementäre Informationen. Massenspektrometrie ist zwar nicht ortsspezifisch, kann also nicht zwischen den einzelnen Amidprotonen eines Moleküls unterscheiden. Das hier gezeigte Problem, zwischen verschiedenen Populationsverteilungen zu unterscheiden, die im statistischen Mittel denselben Deuterierungsgrad besitzen, ist aber nur mit Massenspektrometrie, nicht mit NMR zu lösen.

NMR-Analyse ist der, daß man das Protein nicht kristallisieren muß, da es in der gelösten Form untersucht werden kann, in der es ja schließlich auch in der Zelle und bei biochemischen Untersuchungen im Reagenzglas normalerweise vorliegt. Bei der Röntgenkristallographie bleibt immer die Ungewißheit, ob die dreidimensionale Struktur des kristallisierten Proteins auch tatsächlich mit der Struktur in Lösung übereinstimmt.

Die 1993 vorgelegte NMR-Struktur ist in der Anordnung des Rückgrats mit den Kristallstrukturen im wesentlichen identisch. Leichte Unterschiede finden sich in der Anordnung und Beweglichkeit einiger Seitenketten, insbesondere an der Oberfläche des Proteins. Im großen und ganzen jedoch ist mit dieser Untersuchung bewiesen, daß im Fall von Lysozym die Proteinstruktur im Kristall und in Lösung übereinstimmen.

Doch das ist noch längst nicht alles, was man von diesem klassischen Enzym über Faltung und Strukturen von Proteinen lernen kann. Dobson setzt auf die Verwendung neuer, möglichst komplementärer Methoden. In einer neueren Arbeit seiner Gruppe wird zum Beispiel gezeigt, wie sich die Elektrospray-Massenspektrometrie in Faltungsuntersuchungen nach der oben erwähnten Wasserstoff-Deuterium-Austauschmethode in geradezu idealer Weise mit der NMR-Spektroskopie ergänzt. Wo die letztere Methode einen Mittelwert liefert, gibt die erstere die Verteilung an, aus der der Mittelwert entsteht (Abbildung 11). Weitere Ergänzungsmethoden entstammen dem Arsenal spektroskopischer Verfahren sowie der Peptidchemie, die es erlaubt, kurze Segmente eines Proteins, etwa des Lysozyms, zu synthetisieren und damit die frühen Schritte seiner Faltung zu studieren. Lysozym ist auch für solche Untersuchungen ein ideales Modell, weil hier in einem relativ kleinen Protein alle gängigen Strukturmotive enthalten sind.

Alexander Fleming sagte seinerzeit: «We shall hear more about lysozyme» – über Lysozym werden wir noch einiges hören. Ein klassischer Fall von Understatement.

Öl in Wasser: Die Rolle der hydrophoben Wechselwirkung in der Diskussion

Obwohl Entfaltungs- und Rückfaltungsübergänge an einfachen Modellproteinen wie Lysozym oder Ribonuklease leicht auszuführen sind, herrscht über die Rolle der einzelnen Kräfte und Wechselwirkungen immer noch keine Einigkeit. Besonders umstritten ist die Rolle der hydrophoben Wechselwirkung, jener Zusammenlagerungstendenz der wassermeidenden Molekülteile, die daraus resultiert, daß diese ihre Kontakte mit dem wäßrigen Lösungsmittel so weit als möglich reduzieren.

Wie ein Öltröpfchen, so stellte es sich Walter Kauzmann[9] im Jahre 1959 vor, sollte das Innere eines Proteinmoleküls aufgebaut sein. Die hydrophoben (wassermeidenden) Aminosäurebausteine werden bei der Ausbildung der dreidimensionalen Struktur bevorzugt innen eingebaut und bilden zusammen den «hydrophoben Kern» des Moleküls (Abbildung 12). Die Stabilität dieser Anordnung führte Kauzmann auf unvorteilhafte Nebenwirkungen zurück, die auftreten, wenn man die hydrophoben Seitenketten voneinander trennt und der wäßrigen Umgebung aussetzt. Wassermoleküle sind in der Nähe dieser wasserscheuen Gruppen dichter und mit einem höheren Grad von Ordnung gepackt, als wenn sie unter sich bleiben. Kauzmanns Annahme, daß diese Besonderheit der Lösungsmittelstruktur in der Umgebung hydrophober Molekülteile, die sogenannte hydrophobe Solvatation, letztendlich die Triebkraft für die Zusammenlagerung im hydrophoben Kern und damit für die Proteinfaltung sei, war dreißig Jahre lang ein Dogma der Biochemie.

Während die Vorstellung, daß der hydrophobe Kern einem Öltröpfchen gleiche, schon lange aus der Mode gekommen ist, begann das Dogma von der strukturfördernden Wirkung der Wasserordnung erst zu bröckeln, als Peter Privalov (Moskau) und Stan Gill (Boulder, Colorado) 1988 aufgrund von komplizierten thermodynamischen Überlegungen und Modellexperimenten an einfachen wassermeidenden Molekülen verkündeten, das genaue Gegenteil sei wahr: Die höhere Wasserordnung begünstige die Entfaltung der dreidimensionalen Proteinstruktur, und lediglich die schwachen Anziehungskräfte zwischen Atomen (van-der-Waals-Wechselwirkung) halten die Struktur trotzdem zusammen. Entscheidend sei mithin die Anordnung, in der möglichst viele schwache Wechselwirkungen ausgebildet werden können.

In die seither entbrannte Kontroverse platzte im Jahre 1993 ein sicherlich für beide Seiten überraschender Befund der Arbeitsgruppe um Philip A. Evans in Cambridge: Es geht auch ohne den Ordnungseffekt. Wie die

9 Walter Kauzmann ist emeritierter Chemieprofessor an der Princeton University.

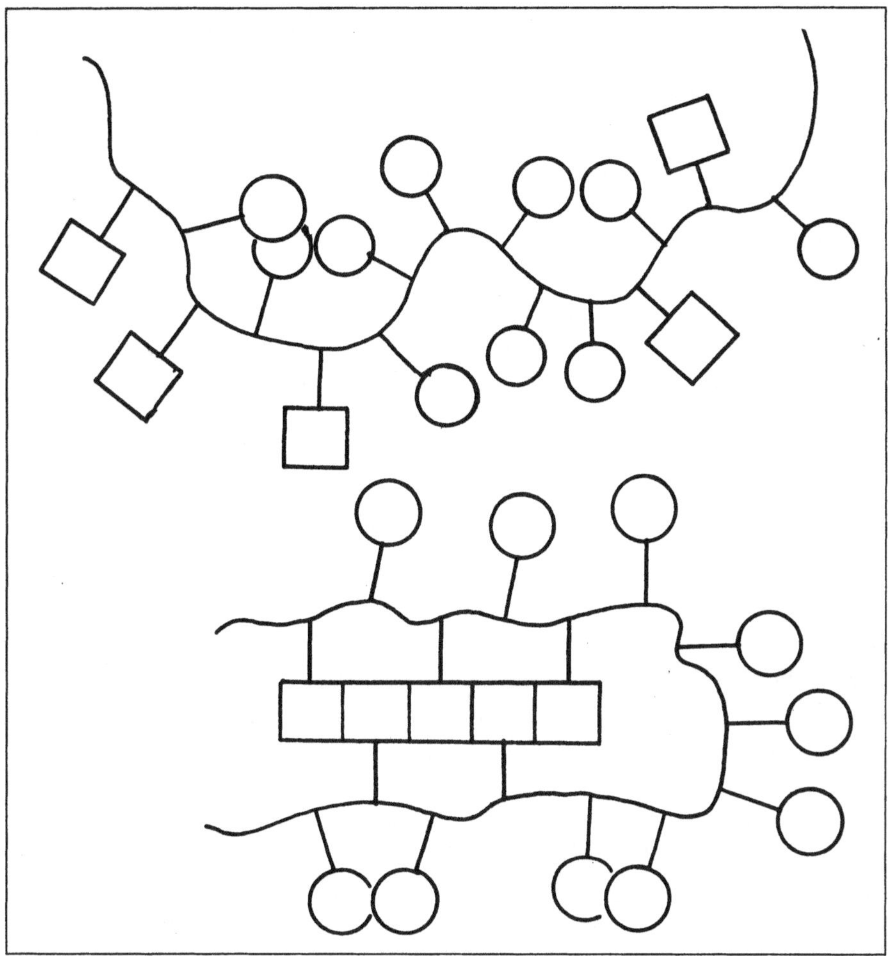

Abbildung 12: Die Zusammenlagerung der wassermeidenden Aminosäuren (z.B. Phenylalanin, Isoleucin, Leucin, hier durch Quadrate symbolisiert, während Kreise wasserliebende Aminosäurereste darstellen) im Innern der Proteinstruktur gilt als Triebkraft der Proteinfaltung.

Arbeitsgruppe herausfand, konnte ein Protein seine dreidimensionale Struktur in einem Lösungsmittelgemisch (ca. 30 Prozent Methanol in Wasser) bewahren, in dem der Effekt der hydrophoben Solvatation nachweislich nicht vorhanden ist. Die Autoren betonen, daß ihre Ergebnisse den Streit, ob die geordnete Lösungsmittelschale nun der Faltung nutzt oder schadet, nicht entscheiden können. Fest steht nur, daß dieser Effekt entbehrlich ist und daß man nicht darum herumkommen wird, sich die Beiträge anderer Wechselwirkungen und Ordnungsprozesse bei der Strukturbildung sehr genau anzuschauen, wenn man die Grundlage der Proteinstabilität eines Tages verstehen will. Ein einfaches Bild als Nachfolger des Öltröpfchen-Modells ist jedenfalls nicht in Sicht.

Geleitschutz für heranwachsende Proteine: Molekulare Anstandsdamen verhindern gefährliche Liebschaften

In den siebziger Jahren, als Faltungsuntersuchungen im Reagenzglas en vogue waren, nahm man ganz selbstverständlich an, daß die Proteine, die sich ja offenbar ohne äußere Hilfe falten können, dies auch in der Zelle tun. Erst Ende der achtziger Jahre fand man heraus, daß dies keineswegs der Fall ist, und ein beinahe ausgestorbenes Wort war plötzlich wieder in aller Munde.

«Eine Person (meist ehrwürdigen Alters), die ein Mädchen oder eine junge Frau aus Rücksicht auf die Schicklichkeit begleitet», so weiß der *Petit Robert*, bezeichnet man im Französischen seit 1690 mit einem Wort, das ursprünglich ein Kleidungsstück, nämlich eine Kragenkapuze oder Haube benannte: Chaperon[10]. Auch im Deutschen und Englischen kennt man dieses Wort für die Anstandsdamen, die in der guten alten Zeit darüber wachten, daß die Töchter aus gutem Hause keine unerwünschten Wechselwirkungen eingingen.

Ganz ähnlich stellt man sich auch die Funktionsweise einiger Proteine vor, die man in Anlehnung an diese altmodische Institution molekulare Chaperone nennt. Glaubte man vor zwanzig Jahren, daß Proteine in der Zelle ihre «Reifezeit» – die Entwicklung von der ungeordneten Aminosäurekette zum funktionsfähigen Endprodukt – ebenso selbständig durchstehen können, wie man das im Modellversuch im Reagenzglas nachvollziehen konnte, so sind in den letzten zehn Jahren geradezu Horden von Anstandsdamen aufgefunden worden, die den heranwachsenden Proteinen den rechten Weg weisen.

10 Die ursprüngliche Bedeutung des Wortes ist in «Le petit Chaperon Rouge» – Rotkäppchen – erhalten geblieben.

Obwohl die allermeisten Proteine in stark verdünnter Lösung im Reagenzglas selbständig zur gefalteten und biologisch aktiven Struktur finden, stellt sich die Situation in der Zelle schwieriger dar. Das Ribosom, die Proteinfabrik der Zelle, reiht die Aminosäuren zu einer Kette auf, die zwar eine definierte Abfolge (Sequenz), aber noch keine geordnete räumliche Struktur hat. Bindungsstellen, die später im Innern des ausgereiften Moleküls für Zusammenhalt sorgen sollen, sind noch offen zugänglich. Aufgrund der enorm hohen Konzentration an Proteinen, vor allem auch an frisch hergestellten und noch nicht ausgereiften Ketten, kann es leicht passieren, daß diese Bindungsstellen zuerst einem falschen Partner aus einem anderen Molekül begegnen und eine Mésalliance eingehen. So bilden sich dann Aggregate aus vielen ungefalteten Ketten, die aus der Lösung ausfallen und völlig unbrauchbar werden. Um das zu vermeiden, fängt ein erstes Schutzprotein, das nach dem zugehörigen Gen DnaK genannt wird, die wachsende Aminosäurekette schon ab, wenn sie sich aus dem Ausgangskanal des Ribosoms herausschiebt. (Es sei denn, der Beginn der Proteinkette enthält eine Signalsequenz, die anzeigt, daß es sich um ein «Exportprodukt» handelt, dann geht das Protein den Weg, den wir oben am Beispiel des Insulin verfolgt haben.) Den Weg, auf dem die Kette dann von einem Chaperon zum anderen weitergereicht wird, hat die Gruppe des von der Ludwig-Maximilians-Universität München an das Rockefeller-Forschungslaboratorium in New York übergewechselten Ulrich Hartl 1992 in einer vielbeachteten Studie aufgeklärt (Abbildung 13). Nach den Ergebnissen dieser Arbeitsgruppe erkennt DnaK die entstehende Polypeptidkette bereits, wenn sie noch zu kurz ist, um sich zu irgendwelchen Strukturen zu verknäulen. In der Phase des kompakten, aber noch nicht mit der endgültigen Struktur versehenen Proteinknäuels übernimmt ein ebenso unaussprechliches Protein namens DnaJ den Begleitschutz, wobei bereits ein Teil der DnaK-Moleküle freigesetzt wird. Sobald die Synthese der Kette abgeschlossen ist, gibt ein weiteres Protein, das jedoch nur mit den Chaperonen, nicht aber mit dem neu synthetisierten Protein wechselwirkt, das Signal zur letzten Übergabe der schutzbedürftigen Kette. Endstation auf dem Reifungsweg der löslichen Proteine, die ihre Funktion im Zytoplasma, dem wäßrigen «Innenraum» der Bakterienzelle, ausüben, ist ein faßartiger Proteinkomplex, der aus zwei Ringen mit je sieben Einheiten besteht und GroEL genannt wird. Für dieses Faß gibt es noch einen Boden oder Deckel, bestehend aus sieben Einheiten des kleineren Proteins GroES. In Zellextrakten werden üblicherweise Parti-

Abbildung 13: Weg der von molekularen Chaperonen unterstützten Faltung eines neu synthetisierten Proteins in der Zelle. DnaK und DnaJ binden schon an die unfertige Polypeptidkette. GrpE ist an der Regulation der Übergabe an GroEL beteiligt. Nach Langer et al. (1992).

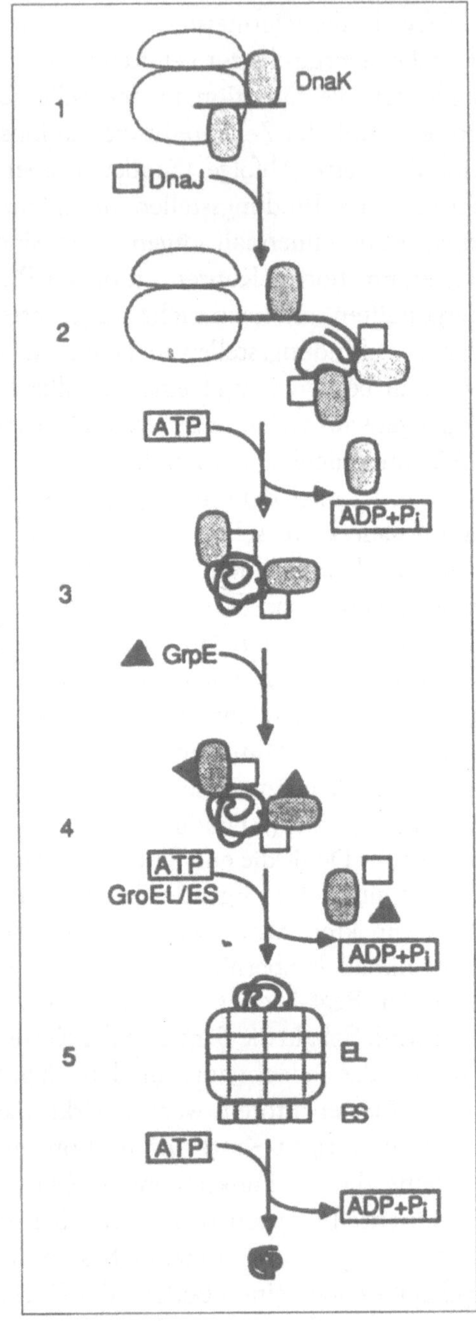

kel mit einem Deckel pro Faß (d.h. 14 Einheiten EL plus 7 Einheiten ES) gefunden, es wurde aber auch schon über «fußballförmige» Partikel mit zwei Deckeln berichtet. Dieser komplizierte Apparat stellt der Wissenschaft einige der schwierigsten Rätsel im Zusammenhang mit der Synthese und Reifung von Proteinen. Das ungefaltete Substratprotein wird auf jeden Fall an diesen Komplex (oder in seinem Innern?) gebunden und verläßt ihn schließlich, nach mehreren Zyklen aus Loslassen und erneutem Binden und einem enormen Energieverbrauch, als fertig gefaltetes Protein.

Die einzige eindeutig enzymatische Funktion des Komplexes besteht darin, daß GroEL während der Proteinfaltung, aber auch in Abwesenheit eines Substratproteins, die Energieträgersubstanz Adenosintriphosphat (ATP) abbaut, also Energie verbraucht, wobei offenbar jede einzelne Untereinheit ein aktives Zentrum besitzt, so daß 14 Moleküle ATP gleichzeitig umgesetzt werden können. Die «reine» ATPase-Aktivität – ohne Proteinfaltung – ist umfassend beschrieben worden (insbesondere von den Arbeitsgruppen von Tony Clarke in Bristol und George Lorimer bei DuPont, Wilmington) und gestaltet sich schon schwierig genug. Während in Abwesenheit des «Deckelproteins» GroES alles ATP zu Adenosindiphosphat (ADP) umgesetzt wird, tritt in Gegenwart von GroES ein komplexer Regelmechanismus in Aktion. In dem vollständigen EL-ES-Komplex setzt bereits nach dem ersten Durchgang eine Art Produkthemmung ein, das gebildete ADP inaktiviert jeweils die Hälfte der 14 Einheiten. Diese zweite, halbaktive Phase wird schließlich durch eine völlige Inhibition beendet, deren Eintreten von den Konzentrationen an ATP und Kaliumionen abhängt.

Im Jahre 1993 wagte Hartls Arbeitsgruppe den Versuch, einen Reaktionszyklus für GroEL aufzustellen, der alle Komponenten (EL, ES, Substrat, ATP) einschließt. Das Modell beruht hauptsächlich auf Bindungsstudien, in denen die Reaktionsgemische in verschiedenen Stadien durch Gelfiltration getrennt wurden. Dieses chromatographische Verfahren stellt im wesentlichen ein Sortieren nach Molekülgröße dar – gemeinsames Auftreten verschieden großer Komponenten läßt dabei auf Bindung schließen. Zeitweise Freisetzung von Liganden kann auch getestet werden, indem man zwei Populationen GroEL einsetzt, von denen eine zum Beispiel GroES und Substratprotein 1, die andere nur Substratprotein 2 enthält. Ist die Reaktivierung des Substratproteins 2 von GroES abhängig, so kann sie als Test für die Freisetzung des Liganden aus dem Komplex mit Substratprotein 1 verwendet werden. Ferner wurde ein schonender Proteaseverdau verwendet, um den von GroES abgewandten EL-Ring zu markieren – der an ES gebundene Ring ist vor der Protease geschützt.

Mit diesen und ähnlichen Methoden ergab sich folgender Ablauf der Ereignisse (Abbildung 14): Das ungefaltete Substratprotein wechselwirkt mit GroEL vermutlich über hydrophobe Gruppen. Diese sind in gefalteten Proteinen im Inneren für die Stabilität des «hydrophoben Kerns» der Proteinstruktur verantwortlich. Ihre Zugänglichkeit in ungefalteten Ketten führt zu unerwünschten intermolekularen Kontakten und damit zur Aggregation, der entgegenzuwirken genau die Aufgabe der molekularen Chaperone darstellt. Der Komplex, den das neu ankommende Substratprotein zunächst antrifft, wird höchstwahrscheinlich GroES und ADP enthalten. Bindung des Substrats verringert allerdings die Affinität für diese beiden Liganden, so daß sie zunächst entlassen werden. Statt des ADP wird nun wieder ATP gebunden. Die ATP-Konformation des Komplexes bindet ES auch in Anwesenheit des Substrats. Die Hydrolyse des ATP zu ADP löst die kurzzeitige Freigabe des Substrats aus: Dieses bleibt zwar in der Nähe oder sogar in dem Innenraum des Komplexes, erhält aber die Bewegungsfreiheit, die es zur Ausführung jener Reaktionen benötigt, die letztendlich zum korrekt gefalteten Zustand führen. Entsteht bei diesem Rearrangement ein fehlerfrei gefaltetes Protein, das keine hydrophoben Flecken mehr präsentiert, so wird dieses entlassen, und die Reaktion ist abgeschlossen. Sind hingegen noch bindungsfähige hydrophobe Stellen zugänglich, so wird das Substrat erneut an GroEL gebunden, Abspaltung von ADP und GroES führt uns wieder zum Zustand 1.

Der Komplex durchläuft also wiederholte Zyklen des Bindens und Entlassens von Substratprotein und GroES, gesteuert von der Hydrolyse des ATP: Der ADP-Zustand entläßt GroES und bindet das Substrat, der ATP-Zustand bindet ES und entläßt das Substrat, wobei ES die ATPase-Aktivität reguliert. Hartl und seine Mitarbeiter gehen davon aus, daß die Hydrolyse des ATP die Freisetzung des Substrats auslöst. Unklar bleibt dann, wann und warum das Substrat wieder gebunden wird. Als Alternative wäre denkbar, daß die ATP-Hydrolyse den Timer für die Rückfaltungszeit des Substrats darstellt; sobald alle 14 gebundenen ATP-Moleküle umgesetzt sind, wird das Substrat wieder gebunden. Der Konformationsunterschied zwischen ATP- und ADP-Zustand ist immerhin so ausgeprägt, daß er im Elektronenmikroskop nachgewiesen werden kann. Wie die Arbeitsgruppe von Helen Saibil am Birkbeck College in London herausfand, werden die

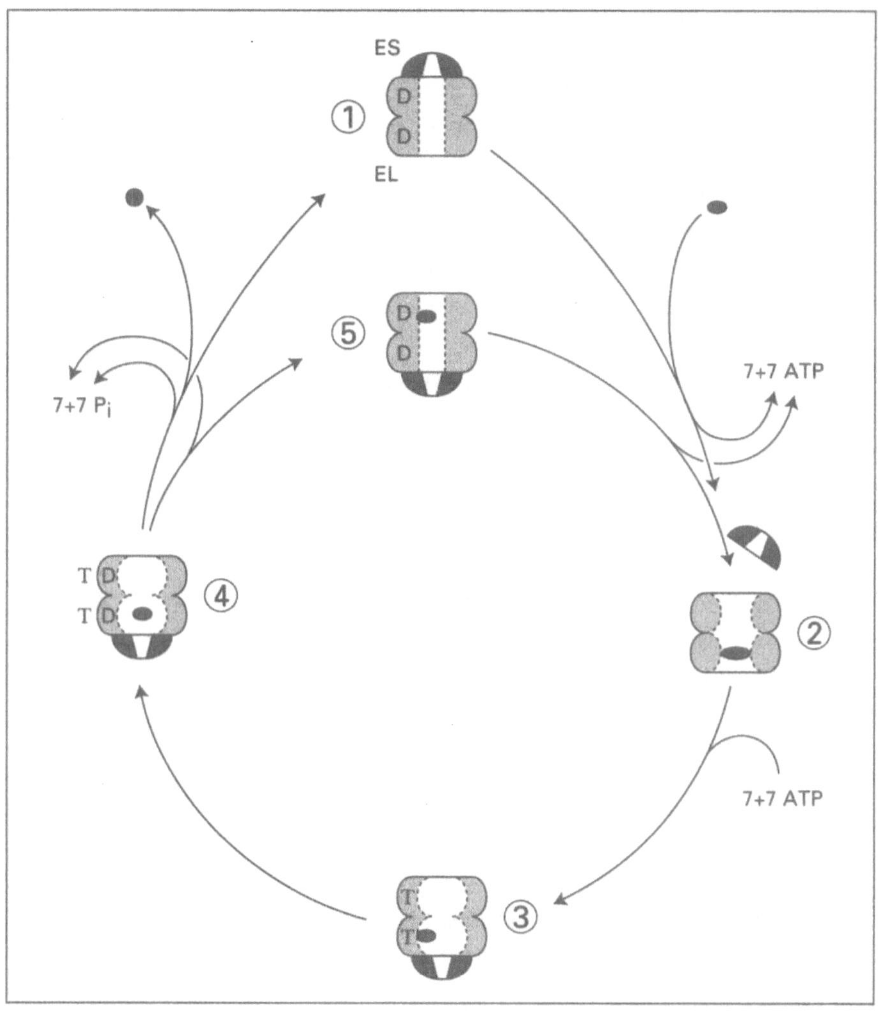

Abbildung 14: Reaktionszyklus für GroEL/ES. 1: ADP-Zustand, unbeladen. 2: Bindung des Substratproteins an GroEL im ADP-Zustand führt zur Freisetzung von GroES und ADP. 3: Nach Aufnahme von ATP kann auch GroES wieder gebunden werden. 4: Die Hydrolyse des ATP löst die Freisetzung des Substratproteins aus, das somit die Gelegenheit erhält, in geschützter Umgebung seine Faltung fortzusetzen. 5: Präsentiert das Protein nach diesem Schritt noch potentielle Bindungsstellen, so wird es wieder an die ADP-Form des GroE-Komplexes gebunden, was nach Freisetzung von ADP und GroES wiederum zu Zustand 2 führt. Sind keine hydrophoben Flecken mehr zugänglich, so wird das korrekt gefaltete funktionsfähige Protein entlassen, der GroE-Komplex kehrt zum Zustand 1 zurück. Schema modifiziert nach Martin et al. (1993).

einzelnen Untereinheiten, bezogen auf die Symmetrieachse des Komplexes, um ca. 10 Grad gekippt.

Natürlich stellt dieser grobgezimmerte Reaktionszyklus nur einen Ausgangspunkt für Versuche zum tieferen Verständnis der Aktivität von GroEL dar. Das vorliegende Modell sagt uns noch nicht, ob die «Aktivität» des Chaperons sich tatsächlich auf Festhalten und Loslassen beschränkt oder ob darüber hinausgehende Wechselwirkung mit dem Substratprotein stattfindet. Derzeit ist der Anfinsen-Käfig eine populäre Modellvorstellung, benannt nach Christian B. Anfinsen[11], dem Begründer der Proteinfaltungsstudien im Reagenzglas ohne biologische Faktoren. Demnach stellt in der Zeit, in der das Substratprotein sich faltet, GroEL lediglich den geschützten Raum für diesen spontanen und autonomen Prozeß bereit und greift nicht im Sinne einer Katalyse oder Formvorgabe in den Vorgang ein. Auch die Annahme, daß GroEL hydrophobe Flecken erkennt, ist bisher nur eine Vermutung. Eine frühere Annahme, die Substraterkennung sei auf entstehende α-Helices im Substratprotein angewiesen, konnte durch die Charakterisierung der Wechselwirkung zwischen GroEL und einem nur aus β-Faltblättern aufgebauten Substratprotein widerlegt werden. Unbekannt ist auch, warum diese Reaktion soviel ATP verbraucht, ob das Substrat zwischen den beiden Ringen hin- und hergereicht wird und vieles mehr.

Dies war der Stand der Chaperon-Forschung bis Mitte 1994, der Ära vor der Kristallstruktur von GroEL. Den Beginn einer neuen Ära werden wir im folgenden Kapitel erleben.

Faß mit Fenstern: Erstmals ist die Struktur eines molekularen Chaperons in atomarer Auflösung bestimmt worden

Eine Portion Glück hat manche wissenschaftliche Entdeckung begünstigt oder ermöglicht, und viele Wissenschaftler, darunter etwa Louis Pasteur und Alexander Fleming, verdanken ihren Ruhm der scharfsinnigen Interpretation einer zufällig gemachten Beobachtung. Manchmal zeigt der Zufall den Wissenschaftlern den Weg zu neuen Welten, von deren Existenz sie nichts ahnten, und manchmal nimmt Fortuna ihnen die Arbeit ab, aus einer

11 Christian B. Anfinsen (1916–1995) erhielt 1972 den Nobelpreis für Chemie für die Aufklärung von Struktur und Funktion der Ribonuklease.

astronomischen Zahl von möglichen Versuchsbedingungen die einzig erfolgreiche herauszusuchen.

Ein hoffnungsloses Unternehmen der letzteren Art, das letztendlich mit Fortunas Hilfe gelang, ist die Strukturaufklärung des Chaperonin-Proteins GroEL, das als molekulare Anstandsdame anderen Proteinen bei der Faltung zur richtigen dreidimensionalen Struktur hilft und unerwünschte Nebenreaktionen abblockt. Mehrere Arbeitsgruppen in aller Welt haben versucht, von diesem Protein Kristalle zu züchten, die sich zur Röntgenstrukturanalyse eignen – doch die siebenfache Symmetrie der Doppelring-Struktur, die aus elektronenmikroskopischen Untersuchungen bereits bekannt war, ist natürlich ein Alptraum für Kristallographen. Und für Strukturuntersuchungen mittels kernmagnetischer Resonanzspektroskopie (NMR) ist bereits eine einzelne der 14 Untereinheiten mit 57,2 Kilodalton Molekulargewicht um den Faktor 2 bis 3 zu groß.

Das Glück überraschte die Arbeitsgruppe von Arthur L. Horwich in Yale in Gestalt einer zufälligen Mutation zweier Aminosäuren, die sich bei dem Versuch einstellte, GroEL in *Escherichia coli* überzuexprimieren, das heißt, durch genetische Manipulation die Ausbeute an Protein pro Gramm Zellen zu erhöhen. Die Zufallsmutante, die in Funktionstests von der normalen Version (Wildtyp) des Proteins nicht unterscheidbar ist, lieferte von allen untersuchten Varianten die besten Kristalle und die, mit denen dann die Strukturaufklärung gelang. (Da jede der 547 Aminosäuren in der Sequenz von GroEL durch 19 andere ersetzt werden kann, gibt es genau 10393 Möglichkeiten für Punktmutationen. Betrachtet man auch Mehrfachmutanten, so potenzieren sich die Möglichkeiten ins Astronomische.)

Ein glücklicher Umstand wollte auch, daß Horwichs Nachbar im Institut ein renommierter Proteinkristallograph, nämlich Paul B. Sigler ist, mit dem er gemeinsam den großen Coup landen konnte, den die Fachwelt im Oktober 1994 auf dem Titelblatt von *Nature* bestaunen durfte.

In Übereinstimmung mit den bisherigen, aus elektronenmikroskopischen und biochemischen Untersuchungen gewonnenen Ergebnissen zeigt die Kristallstruktur ein faßartiges Gebilde aus zwei Ringen, die je sieben identische Einheiten (Monomere) enthalten. Auffälligstes Merkmal der nun erkennbaren Feinstruktur der Untereinheiten ist, daß jede von ihnen so stark seitlich gekrümmt ist, daß zwischen den benachbarten Untereinheiten ein Loch bleibt (Abbildung 15). Diese Fenster, die an der engsten Stelle etwa

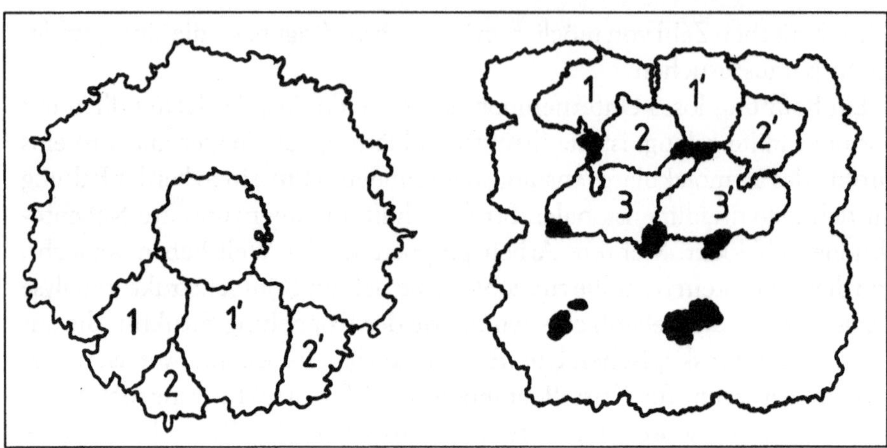

Abbildung 15: Umrißzeichnung eines raumfüllenden Modells der in atomarer Auflösung bestimmten Struktur des Chaperonproteins GroEL. Der aus zwei Ringen zu je sieben identischen Untereinheiten bestehende Komplex ist im linken Bild aus der Perspektive entlang der siebenfachen Symmetrieachse dargestellt. Im rechten Bild steht diese Achse senkrecht. Zwei der 14 Untereinheiten sind mit ihren je drei Domänen hervorgehoben: die am oberen Rand des Fasses liegende apikale Domäne (1, 1'), die Zwischen-Domäne (2, 2'), und die äquatoriale Domäne (3, 3'). Bezogen auf den oberen Ring, werden die seitlichen Fenster in der Struktur hauptsächlich von der jeweils rechts davon liegenden Untereinheit begrenzt. Die äquatoriale und die mittlere Domäne der jeweils linken Untereinheit haben nur einen kleinen Anteil an der Fensterbildung. Im linken Bild ist der zylindrische Innenraum des Komplexes zu sehen, in dem vermutlich die Proteinfaltung stattfindet. Es ist allerdings noch nicht klar, inwieweit die im äquatorialen Bereich in die Mitte hineinragenden Kettenenden diesen Hohlraum unterteilen.

2 nm lang und 1 nm breit sind, können problemlos Wassermoleküle in das Innere des Fasses, wo man das gebundene Substratprotein vermutet, eintreten lassen. Auch die anhand von Mutationsexperimenten in der Sequenz lokalisierte Bindungsstelle für die Energieträgersubstanz ATP findet sich am Rande dieser Fenster. Bemerkenswert ist weiterhin, daß die beiden Enden des Aminosäurestrangs (Amino- und Carboxy-Terminus) einer jeden Untereinheit, die offenbar zu beweglich und ungeordnet sind, als daß man sie in der Kristallstruktur entdecken könnte, sich vermutlich in der Mitte des Fasses befinden. Die den Enden am nächsten stehenden, noch lokalisierbaren Aminosäuren jedenfalls sind alle in der äquatorialen Domäne zu finden und weisen eindeutig ins Innere. Möglicherweise bilden die 28 «losen

Enden» in der Mittelebene einfach ein großes Knäuel, das den Zusammenhalt der ganzen Struktur sichern hilft.

Für die Erforschung der Funktion der molekularen Anstandsdame bildet diese Struktur eine solide Grundlage, aber noch lange keine Erfolgsgarantie. Die Aufgabe besteht aus zwei Teilen, da GroEL nicht nur die Faltung des Substratproteins fördert, sondern gleichzeitig auch in einem damit gekoppelten Prozeß ATP in Adenosindiphosphat und anorganisches Phosphat spaltet (hydrolysiert). Die ATPase-Funktion sollte der leichtere Teil sein, zumal die ATP-Bindungsstelle schon identifiziert werden konnte und eine Kristallstruktur der mit ATP beladenen Form des Proteins von Horwichs und Siglers Arbeitsgruppen derzeit ausgearbeitet wird. Aus elektronenmikroskopischen Untersuchungen von Chaperonin mit und ohne ATP schlossen Helen Saibil und ihre Mitarbeiter am Birkbeck College in London, daß die Bindung des Nukleotids eine Öffnungsbewegung der äußeren (apikalen) Domänen auslöst, die in Anwesenheit des Co-Chaperonins GroES noch verstärkt ist.

Grundsätzlich schwieriger ist die Frage, was GroEL mit dem Substratprotein macht. Selbst wenn die Kristallisation eines Komplexes aus Chaperonin und gebundenem Substrat gelänge, ist doch nach den bisherigen Erkenntnissen so gut wie sicher, daß letzteres zu ungeordnet wäre, als daß man irgendeine Information über seine Struktur erhalten könnte. Ebenso chancenlos steht die zweite wichtige Methode zur Strukturaufklärung biologischer Makromoleküle, die kernmagnetische Resonanzspektroskopie (NMR), vor diesem Problem. Zwar fallen viele Substratproteine in den NMR-tauglichen Größenbereich (relatives Molekulargewicht unter 25000), doch die Bindung an eine Partikel von 800000 relativer Masse verschlechtert die Bedingungen entsprechend. Ganz zu schweigen davon, daß die für NMR-Proben benötigten Konzentrationen von ca. 2 Millimol pro Liter in diesem Fall vermutlich um Größenordnungen jenseits der Löslichkeitsgrenze liegen.

Deshalb haben wir in Oxford im Rahmen eines Projekts unter Federführung von Sheena E. Radford einen völlig neuen Ansatz zur Charakterisierung der Struktur des Substratproteins gewählt (Abbildung 16). Unsere Methode beruht auf der Analyse des Austauschs zwischen den Wasserstoffisotopen H («normaler» Wasserstoff, relatives Molekulargewicht 1) und ^{2}H oder D (Deuterium, Molekulargewicht 2). Insbesondere die an die Stickstoffatome des Peptid-Rückgrats der Proteine gebundenen Wasserstoffato-

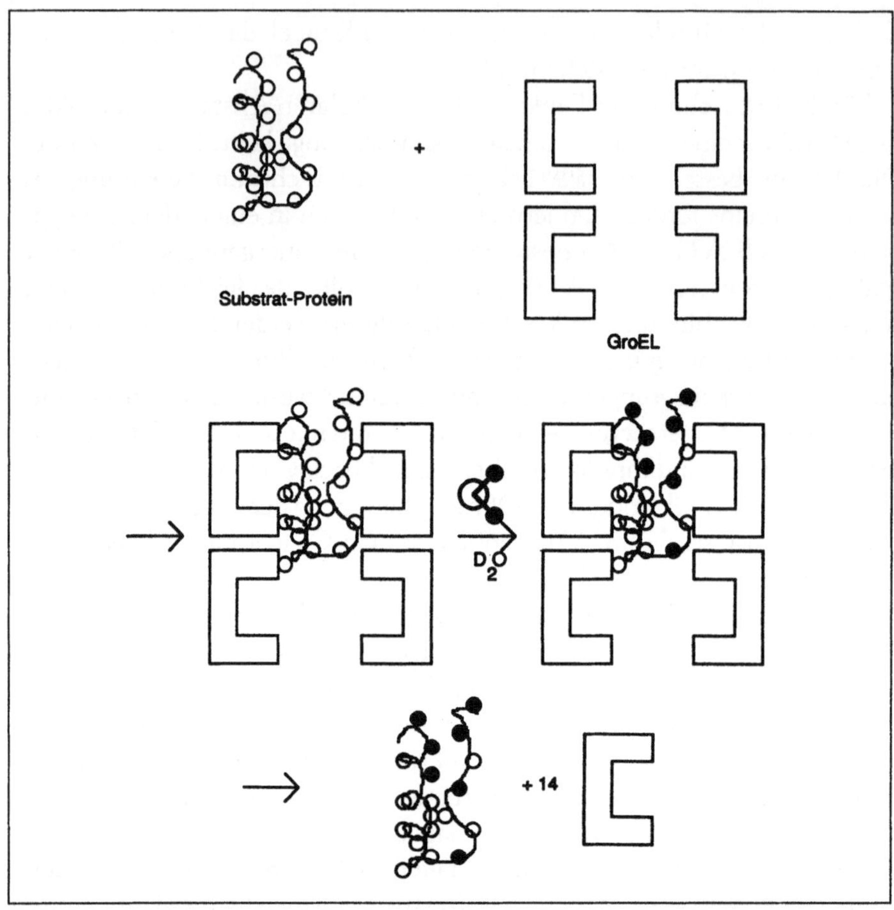

Abbildung 16: Schematische Darstellung der experimentellen Vorgehensweise zur Untersuchung des Wasserstoff-Isotopenaustauschs in Komplexen aus molekularem Chaperon und (nichtkovalent) gebundenem Substratprotein. Zunächst werden alle austauschbaren Wasserstoffatome im Substratprotein durch Deuterium (ausgefüllte Kreise) ersetzt. Der Komplex wird in schwerem Wasser (D_2O) gebildet und durch fünfmaliges Waschen mit D_2O von jeglichen Salzen und Puffersubstanzen gereinigt. Der Isotopenaustausch wird durch Verdünnen in normales Wasser (H_2O) ausgelöst. In regelmäßigen Zeitabständen nach diesem Verdünnungsschritt werden dann Massenspektren nach dem Elektrospray-Ionisations-Verfahren aufgenommen. Dabei wird die Lösung zunächst in einem starken elektrischen Feld in feinste Tröpfchen zerstäubt, aus denen dann im Hochvakuum das Wasser entfernt wird. Zurück bleiben nackte, verschieden stark geladene Moleküle, also Protein-Ionen, deren Quotient aus Masse und Ladung aus ihrer Flugbahn im elektrischen Feld bestimmt werden kann. Für jede Molekülsorte erhält man eine Serie von Peaks verschiedener Ladung, aus deren Verteilung man die Molekülmasse errechnen kann. Die Differenz der erhaltenen Molekülmasse zu der des undeuterierten Proteins gibt die Anzahl der von dem Rückaustausch geschützten Deuterium-Atome an.

me (Amidprotonen) sind sehr leicht austauschbar, wenn das Protein (zumindest in ihrer unmittelbaren Umgebung) entfaltet, das heißt weitgehend unstrukturiert ist. Befinden sie sich jedoch in einer Umgebung von stabilen Strukturen (etwa α-Helix- und β-Faltblatt-Strukturen, die ja durch Wasserstoffbrücken der Amidprotonen zu Sauerstoffatomen des Peptid-Rückgrats stabilisiert werden), so findet der Austausch – wenn überhaupt – zehn- bis hunderttausendmal langsamer statt.

Den Austausch von Wasserstoffisotopen kann man mit vielen verschiedenen Methoden messen. Kaj Linderstrøm-Lang[12], der Anfang der fünfziger Jahre am Carlsberg Laboratorium in Kopenhagen erstmals Isotopenaustausch an Proteinen untersuchte, ließ Tröpfchen des von der Probe absublimierten Wassers in eine halbmeterhohe Röhre mit einem flüssigen Dichtegradienten aus zwei organischen Lösungsmitteln einsinken. Aus der Höhe, in der die Tröpfchen im Schwebezustand verharrten, konnte er die Dichte der Lösung und somit den Anteil des Isotopenaustauschs erschließen. Heute jedoch sind zweidimensionale NMR-Methoden die am häufigsten verwendeten. Sie erlauben, zumindest bei kleinen Proteinen, die Austauschgeschwindigkeit einzelner Amidprotonen (z.B. das NH der 47. Aminosäure des Lysozyms) getrennt zu verfolgen, sind also ortsspezifisch. Eine komplementäre Information kann man duch Massenspektrometrie erhalten. Hier wird die gesamte Masse jedes einzelnen Moleküls bestimmt. Man kann also nicht die Aminosäurereste eines Moleküls unterscheiden, wohl aber Populationen von in verschiedenem Ausmaß gegen Austausch geschützten Molekülen voneinander abgrenzen. Man kann etwa herausfinden, daß zu einer gegebenen Zeit 60 Prozent der Moleküle in der Probe je 20 Deuteronen enthalten, und 20 Prozent je 95 Deuteronen. Diese Information kann aus NMR-Daten nicht gewonnen werden.

Die Kombination dieser beiden Analysemethoden hat die detaillierte Untersuchung der Faltungsmechanismen von Lysozym aus Hühnereiweiß ermöglicht und hat ergeben, daß verschiedene Populationen der Moleküle auf verschiedenen Wegen zurückfalten (S. 57).

Für die an GroEL gebundenen Substratproteine kann, wie bereits erwähnt, NMR-Spektroskopie nicht ohne weiteres verwendet werden – es sei denn, man dissoziiert den Komplex wieder vor der Analyse und nimmt da-

12 Kaj Ulrik Linderstrøm-Lang (1896–1959) war seit 1938 Direktor des Carlsberg Laboratorium in Kopenhagen.

durch verfälschte Ergebnisse in Kauf. Massenspektrometrie nach dem erst Ende der achtziger Jahre entwickelten Verfahren der Elektrospray-Ionisation erlaubte uns jedoch – überraschenderweise – den intakten Komplex aus GroEL und Substrat direkt zu beobachten. Erst bei der vollständigen Verdampfung des Lösungsmittels (Wasser) fällt der Komplex auseinander, so daß kein Isotopenaustausch im dissoziierten Zustand das Ergebnis verfälschen kann. Wir konnten auf diese Weise zeigen, daß das an GroEL gebundene Substrat (in diesem Fall α-Lactalbumin aus Kuhmilch) keineswegs, wie gelegentlich in Veröffentlichungen behauptet wurde, völlig unstrukturiert ist. Vielmehr sind die Amidprotonen in einem Umfang gegen Austausch geschützt, der dem in einem (kompakten, aber teilweise fehlgeordneten) «molten globule»-Zustand («geschmolzenes Kügelchen») entspricht. Neue massenspektrometrische Methoden, die eine ortsspezifische Zuordnung und Deutung dieser Befunde erlauben, werden gerade entwickelt.

Außer ATP und dem Substratprotein geht noch eine dritte Komponente Wechselwirkungen mit GroEL ein – das kleinere, aus sieben Untereinheiten aufgebaute Co-Chaperonin GroES. Bei manchen Substraten wird GroES benötigt, damit nach Bindung des Substrats dieses auch in gefalteter Form wieder entlassen werden kann. In die verwirrende Vielfalt und Widersprüchlichkeit der Ergebnisse konnten die Arbeitsgruppen von Johannes Buchner an der Universität Regensburg und George Lorimer bei DuPont in Wilmington 1994 etwas Klarheit bringen. Offenbar wird GroES für die Freisetzung des korrekt gefalteten Proteins benötigt, wenn die Bedingungen für nicht-unterstützte Faltung ungeeignet sind. Unter «permissiven» Bedingungen jedoch, wenn also die Faltung ohne Chaperone auch möglich ist, kann das Substrat auch ohne Mitwirkung von GroES freigesetzt werden. Ein erbitterter Streit herrscht jedoch noch in der Frage, ob die unter gewissen Bedingungen beobachteten «footballs», das heißt Partikel, die ein dem American Football ähnelndes Ellipsoid bilden und aus dem GroEL-Faß und zwei konischen GroES-Deckeln bestehen, biologische Relevanz haben oder nicht.

Drei Arbeitsgruppen aus der «Schule» um George Lorimer, die im Sommer 1994 eine Serie von drei Arbeiten über Fußball-Komplexe in *Science* veröffentlichten, glauben, daß diese symmetrischen Komplexe im Funktionskreislauf der Chaperon-assistierten Faltung eine wichtige Rolle spielen. Ulrich Hartl hingegen, dessen Arbeitsgruppe am Sloan-Kettering-Krebsforschungszentrum in New York 1993 ein Funktionsmodell für GroEL vorgeschlagen hatte, das die Wechselwirkung mit allen drei Komponenten einschließt (siehe oben), bestreitet, daß die doppelköpfigen Komplexe nötig sind. Solche Fragen sind allerdings schwer zu beantworten, da Bindungsgleichgewichte empfindlich von Ionenkonzentrationen abhängen, die man in der lebenden Zelle nicht genügend genau bestimmen kann.

Wie wird es nun weitergehen? Die Anstrengungen, herauszufinden, was genau GroEL mit seinen Substraten anstellt, werden sich wohl vervielfachen. Die Kristallstruktur des Co-Chaperonins GroES wird vermutlich noch im Jahre 1995 veröffentlicht werden. Mit der vorliegenden Kristallstruktur des ligandenfreien GroEL, der nahe bevorstehenden Variante mit gebundenem ATP, unzähligen Mutationsstudien und einem stetig wachsenden Arsenal biochemischer und biophysikalischer Methoden, die teils speziell für dieses vertrackte Problem entwickelt wurden, als solider Grundlage sollte das Rätsel noch in diesem Jahrtausend zu lösen sein – notfalls mit etwas Nachhilfe von der Glücksgöttin.

Wertstoff-Recycling in der Zelle: Erste Einblicke in die Funktionsweise des Proteasoms

Von der Herstellung und Reifung der Proteine kommen wir nun direkt zu ihrer Entsorgung. Wir werden sehen, daß überraschende Parallelen zwischen beiden Vorgängen bestehen und daß die Zelle sehr sparsam mit ihren Rohstoffen umgeht. Recycling von Wertstoffen ist, auch wenn der eine oder andere zeitgenössische Politiker sich gerne als Erfinder dieses Prinzips betrachtet sehen würde, vermutlich einige Milliarden Jahre älter, als besagte Politiker glauben. Diese Schlußfolgerung läßt sich aus dem Umstand ziehen, daß die Zellen nahezu aller Lebensformen über Recyclingsysteme verfügen, die beschädigte oder nicht mehr benötigte Proteine in ihre Aminosäurebausteine zerlegen, aus denen dann wieder neue Proteine hergestellt werden können. Im Prinzip könnten Zellen ihren Proteinabfall einfach wegwerfen, indem sie ihn durch die Membran ausschleusen. Daß dies nicht geschieht, läßt darauf schließen, daß sich im Wettstreit der Evolution kein Lebewesen ein solches Ex-und-hopp-Verfahren leisten konnte.

Das Recyclingsystem der Zelle besteht im wesentlichen aus einem Markierungs- und einem Abbauschritt. Die Markierung ist in diesem Fall kein grüner Punkt, sondern ein in mehreren Exemplaren an das wiederzuverwertende Protein angehängtes kleineres Protein, das Ubiquitin. Und für die

Zerlegung der Proteinkette in einzelne wiederverwertbare Aminosäuren ist ein äußerst kompliziertes Gebilde aus mehreren Dutzend Protein-Untereinheiten zuständig, das Proteasom. Verglichen mit den einfach gebauten und umfassend untersuchten sekretorischen Proteinasen (Trypsin, Chymotrypsin etc.) sind die intrazellulären Proteinasen, zu denen auch das Proteasom gehört, noch ein recht neues Forschungsgebiet, auf dem mehr Fragen offen als beantwortet sind.

Proteasomen wurden aufgrund ihrer Verbreitung über alle Organismenreiche und ihrer komplizierten Unterstrukturen viele Male unabhängig entdeckt und auf mehr als 20 verschiedene Namen getauft, bevor man die Gemeinsamkeiten erkannte. Schon früh (1968) entdeckten Zellbiologen in Eukaryonten (Tiere, Pflanzen, Hefen etc.) zylindrische Proteinpartikel, deren Aufgabe allerdings zwei Jahrzehnte lang unklar blieb, bis man bemerkte, daß sie mit der von Enzymologen seit 1980 untersuchten «multikatalytischen Proteinase» identisch waren. Der Zylinder, den man heute nach seiner Sedimentationsgeschwindigkeit als «20S-Proteasom» bezeichnet, stellt in vielen Zellen den Kern einer größeren, unregelmäßig geformten Partikel dar, die man heute «26S-Proteasom» nennt.

Das 20S-Proteasom der Eukaryontenzelle erwies sich unglücklicherweise – trotz seiner regelmäßigen äußeren Form – als ein buntes Gemisch von jeweils 28 Untereinheiten, die bis zu 14 verschiedenen Molekülsorten angehören konnten. Da war es ein Glücksfall, daß die Arbeitsgruppe von Wolfgang Baumeister am Max-Planck-Institut für Biochemie in Martinsried bei München im Jahre 1989 herausfand, daß in dem Archaebakterium *Thermoplasma acidophilum* die Verhältnisse etwas klarer sind. Hier gibt es nur zwei Arten von Untereinheiten (α und β). Das 20S-Proteasom besteht – bei Thermoplasma ebenso wie bei Eukaryonten – aus vier gestapelten siebengliedrigen Ringen. In Thermoplasma-Proteasomen enthalten die mittleren Ringe des Stapels ausschließlich β-, die äußeren Ringe ausschließlich α-Untereinheiten. Die für die Peptidspaltung verantwortlichen Molekülteile schienen sich in den β-Untereinheiten zu befinden.

Nachdem es den Martinsriedern 1992 gelungen war, das Thermoplasma-Proteasom von dem beliebtesten «Arbeitspferd» der Molekularbiologen, dem Darmbakterium *Escherichia coli*, herstellen zu lassen, waren günstige Voraussetzungen für die systematische Untersuchung dieses Komplexes und seiner katalytischen Aktivität und damit auch des Aminosäuren-Recyclings gegeben. Nach vierjähriger Beackerung dieses Feldes war Ende 1994 die

Erntezeit gekommen. In einer Serie von sechs Publikationen, die in dem halben Jahr von November 1994 bis April 1995 erschienen, konnte Baumeisters Gruppe die meisten Rätsel des Proteasoms – zumindest für das einfache Modellsystem aus Thermoplasma – knacken.

Es begann mit der Beschreibung der sonderbaren Art und Weise, wie das Protein seine aus vier Ringen bestehende Faßstruktur aufbaut – ein schönes und recht verzwicktes Beispiel für die Selbstorganisation in der Zelle. Merkwürdigerweise sind die den Mittelteil bildenden β-Untereinheiten allein nicht fähig, sich zusammenzuschließen. Die α-Untereinheiten können hingegen selbständig Siebenringe bilden und dienen der β-Untereinheit als «Baugerüst» zur Zusammenlagerung, was auch die Voraussetzung für die von der Untereinheit selbst katalysierte Abspaltung einer kurzen Peptidkette, der «Pro-Sequenz», ist.

In einer im März 1995 erschienenen Arbeit aus Baumeisters Gruppe wird nun analysiert, wie das 20S-Proteasom seine Substratproteine erkennt und aufnimmt. Offenbar werden nur völlig entfaltete Proteine in das Innere des aus vier Ringen aufgebauten Fasses eingelassen. Den Entfaltungsschritt begünstigen (in der Eukaryontenzelle) Komponenten des 26S-Proteasoms, die dabei auch Energie in Form des energiereichen Nukleotids ATP verbrauchen. Zusätzlich sind die äußeren «Deckel» des 26S-Proteasoms auch für die Erkennung und Abspaltung der Ubiquitin-Markierung zuständig. Das Ubiquitin wird nicht mit abgebaut und kann direkt wiederverwendet werden.

Nach den neuesten Erkenntnissen ist das Einlaßkriterium für die proteolytische Kerneinheit nicht der Entfaltungszustand an sich, sondern die Dicke der Partikel. Das konnten Baumeister und Mitarbeiter demonstrieren, indem sie ein völlig entfaltetes Protein (α-Lactalbumin aus Kuhmilch) mit einem Goldcluster von 2 nm Durchmesser koppelten. Die Peptidkette «mit Knoten» blieb am Eingang der Faßstruktur stecken und wurde nicht verdaut. Die hohe Elektronendichte des Goldkörnchens erlaubte es den Forschern, dieses in elektronenmikroskopischen Aufnahmen zu lokalisieren und nachzuweisen, daß es genau an der Öffnung des Fasses hängenbleibt.

Die strikte Regulierung der «zersetzenden» Aktivität durch mindestens drei Schritte (Markierung mit Ubiquitin, energieabhängige Entfaltung, Einlaß nur, wenn völlig entfaltet) ist sinnvoll, da eine intrazelluläre Protease ja eine potentielle Gefahr für das Proteininventar der Zelle darstellt. Sie soll zwar beschädigte, falsch gefaltete und nicht mehr benötigte Proteine zerlegen, aber auf keinen Fall die Mehrheit der Proteine, die noch gebraucht werden. Eine unregulierte Proteinase in der Zelle wäre der direkte Weg zum schnellen Selbstmord.

Den krönenden Abschluß bildeten zwei gleichzeitig in *Science* erschienene Arbeiten, in denen die genaue Struktur in atomarer Auflösung (in Zusammenarbeit mit der am selben Institut befindlichen Arbeitsgruppe von Robert Huber) sowie ein interessanter und neuartiger enzymatischer Mechanismus für die Proteasefunktion des Proteasoms präsentiert werden. Die mittels der Röntgenstrukturanalyse mit einer Auflösung von 0,34 nm bestimmte Struktur brachte eine ganze Reihe von Überraschungen. So stellte es sich zum Beispiel heraus, daß die Konformation des Peptid-Rückgrats in α- und β-Untereinheiten nahezu deckungsgleich ist, obwohl die beiden Proteine praktisch keine nennenswerte Übereinstimmung in der Abfolge der Aminosäurebausteine (Sequenz) aufweisen. Zusätzlich konnten sich die Kristallographen freuen, ein neues Faltungsmuster entdeckt zu haben. Trotz der exponentiell anwachsenden Zahl neuer Kristallstrukturen ist die Zahl der neuen Faltungsmuster rückläufig. Man vermutet, daß es nur einige hundert grundlegend verschiedene Strukturmuster gibt, die in vielfacher Variation und Kombination immer wieder verwendet werden.

Interessant ist auch der Vergleich mit der im September 1994 veröffentlichten Struktur des Faltungshelferproteins GroEL (siehe oben), das ebenfalls ein Faß mit siebenzähliger Symmetrie darstellt. Im Gegensatz zu dem löcherigen Gewand der «molekularen Anstandsdame» ist die «Recycling-Tonne» der Zelle jedoch rundum dicht verschlossen. Der zentrale, etwa 5 nm weite Tunnel stellt die einzige Höhlung des Proteasoms dar. Was die Konformation der Aminosäurekette angeht, gibt es nicht die geringste Ähnlichkeit zwischen beiden Proteinen. Die Evolution scheint also die Architektur des aus siebengliedrigen Ringen aufgebauten Fasses mehrmals erfunden zu haben.

Auch die Aufklärung der enzymatischen Funktion des Proteasoms brachte einige Überraschungen mit sich. Untersuchungen mit Protease-Hemmstoffen (Inhibitoren), die jeweils für eine der herkömmlichen Klassen von proteolytischen Enzymen spezifisch sind, lieferten widersprüchliche Ergebnisse. Mit dem Expressionssystem für Thermoplasma-Proteasomen in *E. coli* in Händen konnten Baumeister und seine Mitarbeiter einen Weg beschreiten, der normalerweise zur Auffindung des aktiven Zentrums führen muß. Aufgrund der bekannten Sequenzen der β-Untereinheiten aus verschiedenen Organismen identifizierten sie die wenigen in allen Sequenzen übereinstimmenden Aminosäurereste, postulierten, daß einer von diesen das aktive Zentrum sein müsse, und tauschten sie einzeln durch gezielte Mutagenese aus. So logisch und einleuchtend der experimentelle Ansatz auch ist, das Ergebnis war eine Riesenüberraschung. Bei dem aussichtsreichsten Kandidaten brachte die Ersetzung durch eine garantiert unverdächtige Aminosäure eine Verstärkung der proteolytischen Aktivität. Und selbst wenn man geeignete Aminosäuren einbezieht, die zwar nicht in allen Untereinheiten identisch, aber schlimmstenfalls durch eine chemisch ähnliche Struktur ersetzt sind – in keinem Fall konnte durch Mutation die Aktivität des Proteasoms völlig unterdrückt werden.

Es blieb nur eine mögliche Schlußfolgerung: daß in dem bunten Mix verschiedener β-Untereinheiten des Eukaryonten-Proteasoms nicht alle katalytisch aktiv sind. Statt der Forderung, daß die «verdächtigte» Aminosäure in allen β-Untereinheiten des Proteasoms einer Eukaryontenspezies vorkommen muß, wurde nur noch die Bedingung gestellt, daß sie in mindestens einer Version pro Spezies vorhanden sein muß. Aus dem so erweiterten Kreis von Verdächtigen konnte Baumeisters Arbeitsgruppe dann relativ leicht den Schuldigen identifizieren. Im nachhinein werden sich die Forscher geärgert haben, daß sie ihre Mutationsstudien nicht einfach am Anfang der Sequenz begonnen haben. Der aktive Aminosäurerest ist nämlich das Threonin in Position 1. Inhibitorstudien deuten darauf hin, daß dieses Threonin eine ähnliche Funktion hat wie das Serin in den schon seit Jahrzehnten intensiv erforschten Serin-Proteasen (Trypsin, Chymotrypsin etc.). Und das Proteasom ist somit der erste Vertreter der neuen Familie der Threonin-Proteasen. Übrigens läßt es sich auch durch Mutagenese leicht in eine Serin-Protease umwandeln.

Die Aufklärung von Struktur und Funktion des Thermoplasma-Proteasoms, das in idealer Weise ein vereinfachtes Modellsystem für Eukaryonten-Proteasomen darstellt, wird auch der Erforschung dieses komplizierteren Systems, das ja auch die Bildung der 26S-Struktur einschließt, einen kräftigen Schub geben.

Da der Ubiquitin-abhängige Abbauweg (über den Abbau überzähliger Enzymmoleküle) an der Regulation des Stoffwechsels beteiligt ist und auch im Immunsystem bei der Antigen-Prozessierung eine Rolle spielt, könnte es sich erweisen, daß in der Eukaryontenzelle der Recycling-Hof eine der Schaltstellen der Macht ist.

Gute, böse und kuriose Zellen

Manchmal verwenden Zellen ihre Nanostrukturen auch für Tätigkeiten, deren Sinn wir nicht unbedingt verstehen (z.B. Orientierung im Magnetfeld) oder die uns außerordentlich unangenehm sind (z.B. Auslösung von Krankheiten). Ein bioanorganisches Kuriosum und zwei bitterernste medizinische Anwendungen der Wechselwirkungen zwischen Molekülen und Zellen sollen den Abschluß dieses Teils über die Moleküle der Natur bilden.

Orientierungshilfe für Einzeller: Magnetotaktische Bakterien wissen, wo's lang geht

Einzeller haben, wie wir Menschen auch, unterschiedlichste Vorlieben und Neigungen: Manche schwimmen zu Licht- oder Wärmequellen hin, andere fliehen davor, wieder andere orientieren sich an der Konzentration bestimmter chemischer Substanzen im Wasser. Alle diese Orientierungen lassen sich im Rahmen der Evolutionstheorie mehr oder weniger schlüssig mit überlebenswichtigen Verhaltensweisen erklären. Nicht so einfach ist der Fall, wenn Bakterien sich an den Kraftlinien eines Magnetfelds orientieren und zum Beispiel zielstrebig auf den Nordpol einer Kompaßnadel zuschwimmen.

Genau dieses Verhalten, das man als Magnetotaxis bezeichnet, hat der Mikrobiologe Richard P. Blakemore erstmals 1975 beobachtet – die betrachteten Bakterien ließen sich weder durch Bewegen des Mikroskops noch durch Veränderung der Lichtverhältnisse von dem Weg nach Norden abbringen, den ihnen ihr eingebauter Kompaß in Form mehrerer, jeweils wenige zehntausendstel Millimeter großer Kristalle des Eisenminerals Magnetit (Magneteisenstein) wies. In den folgenden Jahren konnten magnetotaktische Bakterien, die dank ihrer charakteristischen Eigenschaft leicht zu «fangen» sind, in verschiedensten Bereichen gefunden werden. Ihre Entdeckung im Boden einer «typischen Weidelandschaft» bei Haindlfing im Ampertal widerlegte 1990 die bis dahin gültige Vermutung, daß Magnetitvorkommen im Boden ausschließlich anorganischen Ursprungs seien. Eine Arbeitsgruppe in Tokio hat 1993 das ohnehin schon breite Spektrum der magnetischen Bakterien noch weiter ausgedehnt – sie konnten sogar in Umgebungen gefunden werden, wo das Fehlen molekularen Sauerstoffs und die Anwesenheit reduzierender Schwefelverbindungen die Synthese des aus Eisen und Sauerstoff aufgebauten Magnetits erschweren. Das neuartige Bakterium muß demnach bei der Einlagerung der Magnetitkristalle einen anderen Syntheseweg beschreiten als die bisher bekannten magnetotaktischen Organismen. Als weitere Überraschung stellt das Bakterium neben den in der Zelle gefundenen Magnetitkristallen auch ein – ebenfalls magnetisches – Eisen-Schwefel-Mineral her, welches es ausscheidet. Dieser Befund könnte die Erklärung für das bisher unverstandene Vorkommen magnetischer Mineralien in Erdöllagerstätten liefern.

Außer der kaum zu beantwortenden Frage nach dem Evolutionsvorteil des eingebauten Kompasses werfen die linientreuen Mikroorganismen eine Reihe weiterer interessanter Fragen auf, etwa im Zusammenhang mit der geographischen Orientierung höherer Lebewesen, der Bildung magnetischer Sedimentgesteine und sogar der Entstehung des Lebens. Die weite Verbreitung der Fähigkeit zur Bildung von Magnetit und anderer kristalliner Eisenverbindungen über verschiedenste Klassen einzelliger Lebewesen läßt darauf schließen, daß diese in der Frühgeschichte des Lebens eine wichtige Rolle gespielt haben könnte. Lange bevor der Luftsauerstoff verfügbar und für das Leben auf der Erde bestimmend wurde, so die Idee, hätten Eisensulfide und Eisenoxide dessen Rolle bei der «Verbrennung» der Nährstoffe spielen können. (Auch in den vielbeachteten Theorien des Münchner Patentanwalts Günter Wächtershäuser spielt ein Eisen-Schwefel-Mineral, der Pyrit [Katzengold], eine zentrale Rolle für den Ursprung des Lebens.) Oder aber sie hätten einfach als Speicher für Eisenionen gedient, eine Funktion, die heute von einem Protein (dem Ferritin) wahrgenommen wird. So läßt sich vermuten, daß die Frage nach dem Warum der magnetischen Orientierung falsch gestellt ist. Die Bakterien entwickelten die Fähigkeit, Eisenmineralien aufzubauen, und erhielten ihre magnetischen Eigenschaften und damit die Festlegung auf die Nord-Süd-Route als Nebenwirkung. So betrachtet, sollten wir Menschen froh sein, daß die Evolution als Baustein für die Biomineralisation in unserem Körper ein anderes Metallion vorgesehen hat: das Kalzium.

Laßt die Bäume leben: Das Krebsmittel Taxol[13] kann jetzt auch synthetisch hergestellt werden

Ein wesentlicher Grund, warum Chemiker immer neue Moleküle herstellen, ist der, daß Wirkstoffe gegen viele Krankheiten, einschließlich Krebs, noch nicht auf rationalem Wege entworfen werden können. Der irrationale Weg ist der, daß man Tausende verschiedene Moleküle herstellt, durchtestet und dann 99,9 Prozent davon verwirft. Umgekehrt kommt es auch vor, daß die Natur ein pharmakologisch interessante Molekül herstellt – wenn auch nur in zu kleinen Mengen – und daß sich dieses hartnäckig den Bestrebungen der Synthetiker widersetzt.

Die Pazifische Eibe *(Taxus brevifolia)*, ein in Nordamerika heimischer Nadelbaum, enthält in ihrer Rinde etwa 0,3 Gramm Taxol. Dieser Naturstoff, der 1964 entdeckt und dessen Struktur 1971 aufgeklärt wurde, gilt unter Experten der Krebsmedizin als die wichtigste Neuerrungenschaft der letzten dreißig Jahre. In klinischen Testreihen wurde seine Wirksamkeit gegen Leukämie, Brust-, Eierstock- und Lungentumoren belegt. In einer klinischen Phase-II-Prüfung an Patientinnen, deren Eierstockkrebs auf andere Therapien nicht angesprochen hatte, betrug die Heilungsquote 30–35 Prozent bei beherrschbaren Nebenwirkungen. Für die Behandlung eines Patienten müssen sechs ausgewachsene Eiben geopfert werden. Zu dumm, daß der Baum als bevorzugter Nistplatz einer seltenen Eulenart mittlerweile unter Naturschutz steht.

Dieses Beschaffungsproblem hat zu fieberhaften Forschungsaktivitäten mit dem Ziel der teilweisen (von verwandten Naturstoffen ausgehenden) oder vollständigen (von einfachen organischen Verbindungen ausgehenden) Synthese geführt – an die dreißig Arbeitsgruppen sollen weltweit auf diesem Gebiet tätig sein. Nachdem bereits 1992 eine Teilsynthese geglückt war, gingen beim Rennen um die Totalsynthese im Winter 1993/94 zwei Teams nahezu gleichzeitig ins Ziel. Die Gruppe von Robert Holton von der Florida State University hat ihre Arbeit zwar früher eingereicht als die Konkurrenten um Kyriacos Nicolaou am Scripps Institut in La Jolla, Kalifornien, mußten jedoch mitansehen, wie die Publikation der Mitbewerber um eine Woche früher in *Nature* erschien als ihre eigene im *Journal of the American Chemical Society*.

13 Taxol® ist ein eingetragenes Warenzeichen der Firma Bristol-Myers-Squibb.

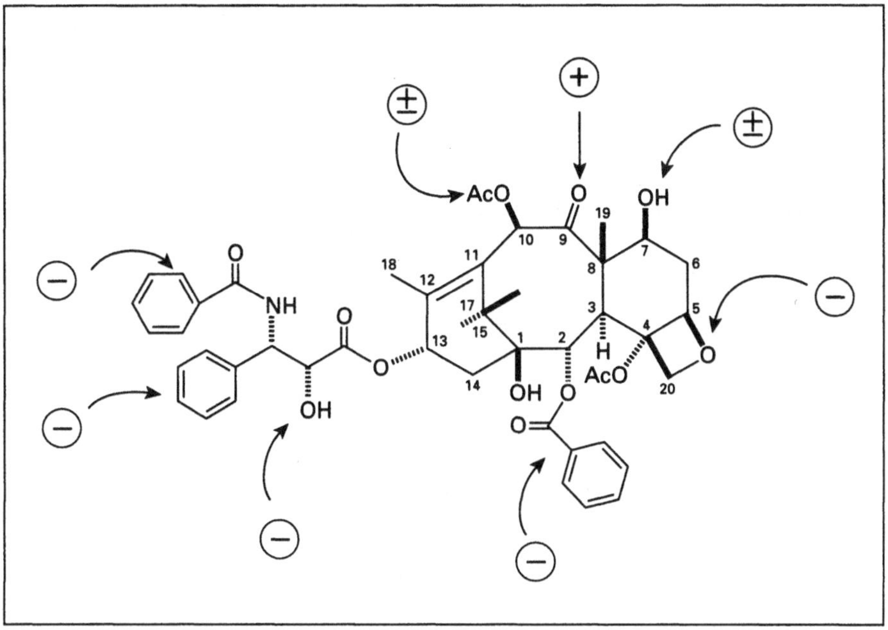

Abbildung 17: Struktur und Struktur-Funktions-Beziehungen von Taxol. Molekülteile, deren Veränderung sich auf die Aktivität steigernd auswirken kann, sind mit +, solche, deren Weglassen oder Modifizierung die Aktivität behindert oder ganz unterbindet, mit – gekennzeichnet. +/– bedeutet, daß Weglassen des Molekülteils keine signifikante Wirkung hat. Nach Kingston (1994).

Doch nicht nur wegen der großen Teilnehmerzahl, der attraktiven Trophäe und des spannenden Finales, sondern auch aufgrund der atemberaubenden Schwierigkeit des Parcours erregte dieses Rennen soviel Aufsehen. Die Struktur, die sich um vier miteinander verschmolzene Ringe gliedert (Abbildung 17), ist keineswegs so flach und übersichtlich, wie sich das auf dem Titelblatt von *Nature* ausmacht. Der zentrale achtgliedrige Kohlenstoffring («B-Ring») ist in Wirklichkeit so stark gewellt, daß die an gegenüberliegende Ecken gebundenen Molekülteile sich gegenseitig im Weg stehen, was die Stabilität der Verbindung schwächt und die Synthese schwieriger macht. Damit nicht genug des Unheils, muß das Achteck zwei Kanten mit dem benachbarten Sechsring A und eine mit dem Sechsring C teilen, an den wiederum ein Vierring («D») angelagert ist – das geht nicht ohne verbogene Bindungen und gequetschte Atomradien ab. Schon die flexiblen Kugel-Stab-Modelle wehren sich gegen den Aufbau einer solchen Struktur – bei den hölzernen, in ihrer Raumerfüllung naturgerechteren Kalottenmodellen wird man wohl nicht ohne eine Säge auskommen.

Kein Wunder also, daß die Herstellung dieser Verbindung, wie K. Nicolaou in einem Übersichtsartikel in der *Angewandten Chemie* schreibt, ursprünglich «nur die masochistischsten unter den Synthesechemikern» interessierte. Seine Totalsynthese besteht aus 28 chemischen Reaktionen, ausgehend von zwei Zwischenprodukten, die im wesentlichen den Ringen A und C entsprechen und ihrerseits auch erst einmal synthetisiert werden müssen. Elf der Kohlenstoffatome in der Struktur sind chiral, das heißt, die Anordnung ihrer vier verschiedenen Bindungspartner kann in zwei spiegelbildlichen Versionen auftreten, von denen nur eine erwünscht ist. Jedes einzelne Chiralitätszentrum ist bereits eine Herausforderung bei der Synthese.

Zwar ist diese Synthese zu aufwendig, um für die industrielle Gewinnung von Taxol selbst in Frage zu kommen – in diesem Bereich werden teilsynthetische Verfahren in Kürze die ursprünglich für die medizinische Verwendung ausschließlich zugelassene Gewinnung des Naturstoffs aus der Rinde der Pazifischen Eibe verdrängen. Doch die Totalsynthese bleibt extrem wichtig als Zugang zu der Stoffklasse der Taxane, das heißt der mit Taxol strukturell verwandten Verbindungen. Nachdem es den Synthetikern nun gelungen ist, die zentrale, allen Taxanen gemeinsame Struktur der Ringe A–C aufzubauen, können sie Variationen zum Thema spielen und dürfen hoffen, auf weitere Stoffe mit ähnlich interessanten pharmakologischen Eigenschaften zu stoßen.

Neu an Taxol und den verwandten Taxanen ist nämlich nicht nur die abenteuerliche Struktur – der Mechanismus, durch den es den Zyklus der Zellvermehrung behindert, ist auch einzigartig. Die faserige Grundstruktur, die wie ein Baugerüst die Zelle stabilisiert, das Zytoskelett, besteht aus den sogenannten Mikrotubuli, und diese submikroskopisch kleinen Röhren entstehen durch Zusammenschluß von 13 langgezogenen Fäden (Protofilamente), die aus den Proteinen α- und β-Tubulin aufgebaut werden. Kannte man bisher bereits etliche Verbindungen, die den Aufbau der Mikrotubuli blokkieren, so ist Taxol das erste Zellgift, das seine Wirkung durch eine Verstärkung der Röhrenbildung entfaltet. Der Haken an der Sache ist der, daß die unter Mitwirkung von Taxol gebildeten Röhren nur zwölf Protofilamente enthalten und einen geringeren Durchmesser haben als richtige Mikrotubuli. Diese falschen Bauwerke haben die (für die teilungswillige Zelle) unangenehme Eigenschaft, daß sie zu beständig sind. Normale Mikrotubuli sind dynamische Systeme, die zum Beispiel an einem Ende wachsen und gleichzeitig am anderen schrumpfen können und in bestimmten Phasen des Zellzyklus schnell die erforderlichen Tubulinbausteine zum Aufbau neuer Strukturen, etwa der für die Teilung essentiellen Mitose-Spindel, bereitstellen müssen. Die Zwölfer-Röhren hingegen ziehen alle einmal eingebauten Tubulineinheiten auf Dauer aus dem Verkehr, bilden unnatürliche und nutzlose bündelartige Strukturen und blockieren damit die Zellteilung. Da sich Krebszellen sehr viel öfter teilen als normale Körperzellen, werden sie durch diese Behandlung stärker geschädigt.

Nach Aufklärung von Struktur und Wirkungsweise des Taxols sowie verschiedener Wege zu seiner Gewinnung sind nun alle Voraussetzungen gegeben, um aus der interessanten Stoffklasse der Taxane neue, auf spezifische Anwendungen optimierte Krebstherapeutika zu entwickeln. Taxol selbst wird wohl als erstes zum Einsatz kommen und dann nach einem von Robert Holton entwickelten Verfahren aus dem Naturstoff 10-Desacetylbaccatin III (der aus den Nadeln verschiedener Eibenarten ohne bleibenden Schaden für den Baum isoliert werden kann) teilsynthetisch hergestellt werden. Auch aus pflanzlichen Zellkulturen sowie aus den Zellen einer auf Eiben ansässigen Pilzart kann Taxol gewonnen werden.

Für die Gewinnung anderer Taxane werden sich die masochistischen Bemühungen der Synthesechemiker nützlich erweisen – schließlich hat das Rennen um die Totalsynthese entlang der Strecke auch vielerlei Informationen über chemische Eigenschaften der Zwischenstufenverbindungen geliefert – davon zeugen nicht zuletzt die 386 Strukturformeln in Nicolaous oben erwähntem Übersichtsartikel. Und nach alledem wird die Pazifische Eibe, die, so Nicolaou, vor Beginn des Taxol-Fiebers «hauptsächlich als Gestrüpp angesehen» wurde, – und zugleich die auf ihr ansässige gefleckte Eule – wieder in Ruhe und Frieden gedeihen.

Mikrobenjäger in der Klemme: Die rasante Ausbreitung von Antibiotikaresistenzen macht die Suche nach Alternativen zum Dringlichkeitsfall

Zu dem reichhaltigen Reservoir pharmakologisch interessanter Moleküle, die von Pilzen hergestellt werden, zählen auch die Antibiotika, mit denen diese sich konkurrierende Bakterien vom Leibe halten. Doch was Mediziner zunächst für ein Geschenk des Himmels hielten, könnte sich langfristig als trojanisches Pferd entpuppen.

Microbe Hunters von Paul de Kruif, ein Klassiker der populärwissenschaftlichen Literatur und bis in die achtziger Jahre hinein immer wieder aufgelegt, erschien – man glaubt es kaum – erstmals im Februar 1926. Dabei fing die Jagd auf die Mikroben eigentlich erst zwei Jahre später richtig an, als Alexander Fleming zufällig entdeckte, daß *Penicillium notatum* aus der Gattung der Pinselschimmel eine Substanz absondert, die Bakterien lysiert, das heißt ihre Zellwand zerstört. Mit der Identifizierung des Penicillins und seiner klinischen Erprobung begann vor etwa fünfzig Jahren das Antibiotika-Zeitalter.

Im Jahre 1954 verkündete ein Buchtitel dann den «Sieg über die Seuchen». Doch diese Euphorie ist inzwischen längst verflogen: Die Gejagten schlagen zurück, und das neueste Werk des britischen Mikrobenkenners Bernard Dixon ist keinesfalls ein Epitaph, sondern trägt den Titel: *Power unseen* – die unsichtbare Macht. Nachdem es eine Zeitlang so ausgesehen hatte, als ob Viren – die durch Antibiotika grundsätzlich nicht angreifbar sind – die letzten wirklich bedrohlichen Krankheitserreger seien, sind jetzt pathogene Bakterien, wie etwa *Mycobacterium tuberculosis* wieder auf dem Vormarsch. Die Weltgesundheitsorganisation WHO berichtete 1994 einen bedrohlichen Anstieg der Tuberkuloseerkrankungen in Osteuropa und der ehemaligen Sowjetunion mit 29000 Todesfällen in fünf Jahren. Erstmals seit Jahrzehnten sind sogar für Schwindsuchtpatienten in den Industriestaaten die Heilungschancen ungewiß, da resistente Stämme der Erreger überall aufgefunden werden. Das Wissenschaftsmagazin *Science* widmete im April 1994 einen Sonderteil mit rund einem Dutzend Beiträgen ausschließlich dem Thema Antibiotikaresistenz.

Was zunächst aussah wie ein simpler Wettlauf – der Mensch mußte mindestens ebenso schnell neue Antibiotika entwickeln, wie sich unter den Bakterien Resistenzgene gegen die alten ausbreiteten –, erinnert nun eher an das Rennen zwischen Hase und Igel oder an die von der Evolutionsforschung aus Lewis Carrolls *Through the Looking Glass* entlehnten «Red Queen», die immer schneller laufen muß, um auf derselben Stelle zu bleiben.

Wie Julian Davies von der University of British Columbia in Vancouver in einem Übersichtsartikel in der oben erwähnten Ausgabe von *Science* ausführt, scheitert eine genaue Erforschung der Ausbreitungswege von Resistenzen in der Natur schon daran, daß nur ein Bruchteil der auf der Erde lebenden Bakterien bekannt und erforscht ist. Deshalb können Ausbreitungswege und -mechanismen allenfalls in stark vereinfachten Modellen, nicht aber in der Natur studiert werden. Es zeichnet sich jedoch ab, daß die Antibiotika selbst in mehrfacher Hinsicht die Entstehung und Verbreitung der Resistenzgene begünstigen.

Zum ersten, und damit hatte man natürlich bereits bei der Einführung gerechnet, erzeugt ihre Anwendung einen Selektionsdruck. Wenn von den Millionen Bakterien im Körper eines Kranken ein einziges zufällig eine Mutation trägt, die es gegen das verwendete Antibiotikum resistent macht, erhält dieses einen enormen Selektionsvorteil gegenüber den anderen, die mehr oder weniger effizient abgetötet werden, und kann sich um so besser vermehren. Selbst wenn das Immunsystem des Kranken letztendlich die Oberhand gewinnt und die Bakterien besiegt, sind doch diejenigen Bakterien, die an die Umgebung abgegeben werden und andere anstecken können, mit hoher Wahrscheinlichkeit resistent.

Der zweite Mechanismus, den man ursprünglich für extrem selten und deshalb in der Klinik irrelevant gehalten hatte, betrifft die Verbreitung der Resistenz durch Übertragung genetischen Materials (oft in Form von höchst effizienten ringförmig geschlossenen DNA-Doppelsträngen, den sogenannten R-Plasmiden) auf nicht resistente Bakterien. Erst in jüngster Zeit hat man entdeckt, daß dabei keineswegs, wie bisher angenommen, Übertragungsbarrieren, etwa zwischen den großen Gruppen der gram-negativen und gram-positiven Bakterien, bestehen. Nicht genug damit, daß der Gentransfer leichter ist als bisher angenommen, er wird durch Anwesenheit von Antibiotika auf bisher unbekannte Weise erleichtert.

Die schlimmste Hiobsbotschaft erhielten die modernen Mikrobenjäger jedoch, als Vera Webb und Julian Davies 1993 entdeckten, daß die Apotheker die Resistenzgene möglicherweise gleich mit dem Antibiotikum mitgeliefert haben. DNA aus den einzelligen Pilzen, die in den Fermentern der Pharmafirmen die Antibiotika herstellen, ist nur schwer restlos von dem Produkt zu trennen, und bei der Analyse der mitgeschleppten DNA fanden Webb und Davies auch Gene für Antibiotikaresistenzen. Seitdem man weiß, daß Bakterien Fremd-DNA sehr viel leichter aufnehmen und verwenden können, als man ursprünglich annahm, muß man davon ausgehen, daß auch auf diesem Wege Antibiotikaresistenzen verbreitet werden.

Auf welche Weise erzielen Resistenzgene ihre Wirkung? Grob gesprochen können Bakterien sich gegen chemische Angriffe zur Wehr setzen, indem sie das Eindringen des Wirkstoffs in die Zelle verhindern, indem sie ihn zerstören oder indem sie die Angreifbarkeit des Zielenzyms herabsetzen. Alle drei Resistenzmechanismen werden in der Natur beobachtet, gelegentlich sogar in demselben Organismus.

Die wichtigste (und für die Medizin lästigste) Klasse von Resistenzgenen gehört zu der zweiten Gruppe. Sie kodiert für die Herstellung des Enzyms β-Lactamase, welches die Spaltung der Ringstruktur der β-Lactam-Antibiotika, also zum Beispiel des Penicillins, katalysiert. Immer neue Penicillin-Derivate wurden entwickelt, gegen die sich die Mikroorganismen mit immer neuen Varianten des Enzyms zur Wehr setzten. Eine Punktmutation, das heißt der Austausch einer einzigen Nukleotidbase der DNA, kann die Substratspezifität der β-Lactamase verschieben. Deshalb versuchen die Pharmaforscher gleichzeitig auch, Hemmstoffe (Inhibitoren) zu entwickeln, die zusammen mit dem Antibiotikum verabreicht werden können und dieses davor schützen, von der β-Lactamase aufgeknackt zu werden. Nachdem sich kleine Inhibitormoleküle in klinischen Tests als ineffektiv erwiesen hatten, ruhen die Hoffnungen der Forscher nun auf einem Protein namens BLIP – β-Lactamase Inhibierendes Protein. Für eine große Zahl von Varianten der β-Lactamase ist BLIP der wirkungsvollste bekannte Inhibitor. Aufschluß über den Mechanismus der Inhibition erhofft man sich von der Kristallstruktur, die 1994 veröffentlicht wurde. Doch obwohl β-Lactamase eines der am besten untersuchten Proteine ist und für kaum ein Enzym so viele Inhibitoren entdeckt und untersucht wurden, ist eine endgültige Ausschaltung dieses Resistenzfaktors noch lange nicht in Sicht.

Deshalb suchen andere Arbeitsgruppen auch rastlos nach neuen antimikrobiell wirksamen Substanzen, welche die klassischen Antibiotika ersetzen könnten – und möglicherweise weniger leicht Resistenzen hervorrufen. Auf eine Goldgrube stieß Ende der achtziger Jahre Michael Zasloff von der University of Pennsylvania in Philadelphia, als er in der Haut des afrikanischen Krallenfroschs *Xenopus laevis* ein Peptid fand, das er nach dem hebräischen Wort für Schild Magainin nannte. Zwar hatte man schon vorher bemerkt, daß die Haut der Frösche geradezu eine Giftküche darstellt, in der eine ganze Reihe von pharmakologisch aktiven Substanzen zu finden sind, und auch afrikanische und indianische Völker scheinen schon seit Jahrhunderten von der Wirkung der Froschhaut gewußt zu haben. Doch Magainin war das erste «Breitband-Antibiotikum», das aus dieser Quelle gewonnen wurde. Genaugenommen handelt es sich um zwei verwandte

Peptide Magainin 1 und 2, die jeweils aus 23 Aminosäuren bestehen und keinerlei Sequenzähnlichkeit mit irgendeiner vorher bekannten Substanz aufweisen. Ihre Wirksamkeit gegen Einzeller entspricht der von herkömmlichen Antibiotika. Zasloff, der aus seiner Entdeckung nun im Rahmen einer eigenen Firma, Magainin Pharmaceuticals, marktreife Antibiotika entwikkelt, sucht auch weiter nach antibakteriellen Substanzen in bisher nicht genutzten Quellen. Seine neueste Entdeckung, das Steroid-Antibiotikum Squalamin, kommt im Blut von Haifischen vor.

Neben der Entwicklung immer neuer synthetischer Varianten der klassischen Antibiotika, der Erforschung von Inhibitoren Resistenz vermittelnder Enzyme und der Erschließung völlig neuer Substanzklassen für die Jagd auf die Krankheitserreger ist vor allem ein Faktor wichtig: der verantwortliche Umgang mit den existierenden Antibiotika. Jede überflüssige oder nicht zu Ende geführte Anwendung vergrößert unnötig den «Gen-Pool» mit Antibiotikaresistenzen in der Natur und erhöht die Wahrscheinlichkeit, daß längst vergessene Seuchen zurückkehren und die Mikroben auf Menschenjagd gehen.

III. Aufbruch in die Nanowelt: Biotechnik, supramolekulare Chemie und Kolloidchemie als Wegbereiter der Nanotechnologie

Vom Molekül zum Supramolekül

Während die lebende Zelle – vor allem dank des Baukastenprinzips – mit Leichtigkeit Strukturen im Nanometermaßstab konstruiert, die komplizierte Funktionen in regelbarer Weise ausführen, tun wir Menschen uns noch ein wenig schwer damit, diese Lektion von der Natur zu lernen. Dabei mag es eine Rolle spielen, daß diese Nanomaschinen bei der – unnatürlichen – Einteilung der Natur in Wissenschaftsdisziplinen zwischen allen Stühlen landen. Für Chemiker sind diese Systeme zu groß und zudem suspekt, da sie sich mit Hilfe von nichtkovalenten Bindungen aufbauen. Biologen haben alle Hände voll zu tun, die Maschinerie des Lebens zu verstehen und meist wenig Lust, über Alternativen nachzudenken. Physiker und Materialwissenschaftler nähern sich der Nanowelt lieber von oben, indem sie mit Ätztechniken immer kleinere Strukturen in Metall- oder Halbleitermaterialien zeichnen. Ihr Vordringen in die Nanowelt wird von den technischen Grenzen der Miniaturisierungsmöglichkeiten gebremst.

Gefragt wäre eine interdisziplinäre Strategie, die sich aus allen diesen Quellen speist, ohne den Beschränkungen der einzelnen Disziplinen zu unterliegen. Grenzüberschreitend sind denn auch die meisten der im folgenden vorgestellten Forschungsarbeiten. Dennoch habe ich meine Auswahl – der leichteren Orientierung zuliebe – sortiert nach Ansätzen, die in der synthetisch-organischen Chemie, der physikalischen Chemie/Kolloidchemie oder in der Biologie/Biotechnik wurzeln. Wenden wir uns zunächst Forschungen aus der Chemie zu.

Moleküle, wie sie in den Labors der organischen Chemie synthetisiert und zur Reaktion gebracht werden, enthalten meist nur ein oder zwei Dutzend Atome. Der Naturstoff Taxol mit seinen knapp 120 Atomen ist bereits eine enorme Herausforderung für Synthetiker (S. 84). Im Gegensatz dazu enthalten die Moleküle des Lebens, von denen wir einige in Teil II näher kennengelernt haben, meist Tausende bis Zigtausende von Atomen.

Erst als man in den zwanziger Jahren unseres Jahrhunderts zu verstehen begann, daß Riesenmoleküle ein wichtiges Funktionsprinzip der Zelle sind, entstand die makromolekulare Chemie – die Wissenschaft von den großen Molekülen und den Methoden, solche zu synthetisieren. Dieser neue Zweig der Chemie hat seine Grundlagen im wesentlichen in den Arbeiten eines

Mannes – des Chemie Professors und Nobelpreisträgers Hermann Staudinger[1]. Der einfachste Weg zu synthetischen Makromolekülen ist die Polymerisation, die Verkettung von kleinen Molekülbausteinen. Diesem Prozeß verdanken wir die meisten Kunststoffe, wie sich auch oft aus deren Namen ableiten läßt (Polyäthylen ist z.B. ein Polymer, das durch Verkettung von Äthylenmolekülen entstanden ist).

Zwischen den klassischen Disziplinen der Chemie[2] ist die makromolekulare Chemie jedoch immer eine Stiefschwester geblieben. Der Umstand, daß die ersten Polymere mehr oder weniger statistisch verteilte Kettenlängen aufwiesen, das heißt, keinen reinen Stoff nach den Kriterien der organischen Chemie (einheitliches Molekulargewicht und Struktur) darstellten, führte dazu, daß die Welt der Riesenmoleküle, deren Abmessungen typischerweise im Bereich zwischen zehn Nanometern und einem Mikrometer lagen, aus der Perspektive der Chemie jahrzehntelang die «vernachlässigte Dimension» blieb.

Erst in jüngster Zeit haben verschiedene Neuerungen und Trends eine Besserung bewirkt. Was die Riesenmoleküle der Natur angeht, so haben wir gelernt, daß jedes von ihnen eine wohldefinierte Struktur hat, die seine Funktion festlegt. War es in der Gründerzeit der makromolekularen Chemie (zwanziger Jahre) noch umstritten, ob Proteine und andere Substanzen wie Zellulose tatsächlich Riesenmoleküle oder nicht doch vielleicht eine Anhäufung kleinerer Moleküle darstellen, so ist mit der seit Beginn der Röntgenstrukturanalyse Ende der fünfziger Jahre exponentiell zunehmenden Zahl von im Detail aufgeklärten Proteinstrukturen eine eindrucksvolle Demonstration der strukturellen Bestimmtheit und Vielfalt der Makromoleküle gelungen. In den achtziger Jahren trugen neuartige Synthesen großer Moleküle von genau definierter Struktur, darunter die fußballförmigen Fullerene und die baumartig verzweigten Dendrimere, dazu bei, diese Chemie salonfähig zu machen. Nicht zuletzt das Aufkommen der supramolekularen Chemie, die auch nicht-kovalente Wechselwirkungen zum Aufbau komplizierter Struk-

1 Hermann Staudinger (1881–1965), Chemie-Professor in Karlsruhe, Zürich und Freiburg im Breisgau, erhielt 1953 den Nobelpreis für Chemie für «Entdeckungen auf dem Gebiet der makromolekularen Chemie».

2 Anorganische, organische und physikalische Chemie sind auch heute noch die «Kernfächer» im Chemiestudium.

turen heranzieht, erleichtert Chemikern das Vordringen in die Dimension, in der Biochemiker schon seit Generationen heimisch sind.

Der kleinste Baum der Welt: Polymerisation mit verzweigten Bausteinen ergibt fraktale Moleküle mit interessanten Eigenschaften

Ein freistehender Baum, eine Schneeflocke unter der Lupe oder die Küstenlinie Norwegens erscheinen den meisten Menschen ästhetischer als ein rechteckiges Hochhaus, ein runder Plastikknopf oder eine schnurgerade Autobahn. Denn wir sind gewöhnt, in der Natur fraktale (in ähnlichen Verzweigungsschritten sich zu immer feineren Verästelungen hin sich verjüngende) Strukturen vorzufinden. Unabhängig davon, ob man natürliche Objekte aus der Ferne oder unter dem Mikroskop betrachtet, entdeckt man (fast) immer Strukturen und Unterstrukturen, die häufig Fraktale darstellen.

Die Schönheit der Fraktale hat nach den Mathematikern (die dieses Naturprinzip entdeckt haben) auch die organischen Chemiker in ihren Bann geschlagen. Im Jahre 1978 synthetisierte die Arbeitsgruppe des Bonner Professors für organische Chemie, Fritz Vögtle, erstmals einen molekularen Baum aus kleinen organischen Molekülen, und seit 1984 haben die verzweigten Polymere, auch «Dendrimere» oder «Arborole» genannt, Hochkonjunktur, was sich schon an der exponentiell anwachsenden Zahl der Veröffentlichungen in diesem Gebiet ablesen läßt.

Das Prinzip, nach dem man diese wuchernden Moleküle herstellt, erinnert an den Kampf des Herakles gegen die Hydra. Man beginnt mit einem «zweiköpfigen» Molekül. Schlägt man die beiden Köpfe ab, so «wachsen» durch Reaktion mit Y-förmigen «Verzweigungsstücken» für jeden Kopf zwei neue nach. Setzt man diese Vorgehensweise über einige Generationen fort, so erhält man sehr schnell vielköpfige Hydren oder molekulare Bäume.

Die neuartigen Moleküle füllen in der Größenskala der synthetischen Chemie eine Lücke, die bisher zwischen den kleinen Molekülen der Organik und den einförmigen Kettenmolekülen der Polymerchemie klaffte.[3] Eine

3 Daß die Chemie hier in eine völlig neue Welt vorstößt, erkennt man auch daran, daß die offizielle, von der IUPAC (International Union of Pure and Applied Chemistry) festge-

wesentliche Eigenschaft der molekularen Bäume, die sie von herkömmlichen Polymeren unterscheidet, ist ihre Symmetrie. Dendrimere nehmen hochsymmetrische, oft kugelförmige Gestalt an, wenn man sie im «Generationentakt» herstellt, das heißt, von einem Kern ausgeht, den man mit immer neuen Molekülschichten umgibt. Deshalb ähneln die Dendrimere in gewisser Weise den globulären (kugelförmigen) Proteinen. Die Wege zur kompakten Form sind jedoch unterschiedlich: Während Proteine ihre dreidimensionale Struktur durch Zusammenfalten einer langen Kette erwerben, bildet sich die Kugelform der Dendrimere von ihrem Mittelpunkt aus, als Produkt eines Wachstums in alle Richtungen. Dendrimere sind deshalb symmetrischer als Proteine und können ihre dreidimensionale Struktur nicht durch Entfaltung verlieren.

Im biomimetischen Bereich, das heißt in der Nachahmung natürlicher Substanzen, liegen auch einige Anwendungsmöglichkeiten dieser synthetischen Makromoleküle. Läßt man Bäume aus langen wasserabstoßenden Kohlenwasserstoffketten wachsen und versieht die äußerste Schicht mit gut wasserlöslichen Alkoholgruppen, so kann man die kugelförmigen Strukturen (Micellen) nachahmen, zu denen sich Lipide (Fette) gern zusammenlagern, um ihre wassermeidenden Kohlenwasserstoffschwänze der wäßrigen Umgebung zu entziehen. Ähnlich lassen sich Dendrimere konstruieren, die biologische Membranen nachahmen.

Aber nicht nur die Oberfläche der molekularen Kugeln kann bei der Synthese nach Belieben gestaltet werden. Auch darunter verbergen sich Qualitäten, etwa Hohlräume, in denen Gastmoleküle aufgenommen werden können. So ließen sich Dendrimere mit programmierten Oberflächeneigenschaften und Hohlräumen zum Beispiel als Transportvehikel für Pharmaka verwenden. Sorgt man dann noch dafür, daß in den Hohlraum ein elektrisch geladener oder chemisch bindungsbereiter Molekülteil hineinragt, so hat man eine regelrechte spezifische Bindungstasche kreiert, wie sie bei Enzymen oft zur Erkennung der Substrate dient. Modellrechnungen haben ergeben, daß man mit einem Dendrimer aus 6 Generationen 10 bis 20 Moleküle des

legte Namensgebung für organische Chemikalien an den Dendrimeren kläglich scheitert. Die Nomenklatur geht nämlich an der längsten Kette von Kohlenstoffatomen, die in einem verzweigten Molekül enthalten ist, entlang und handelt dann von dieser ausgehend die «Seitenketten» ab, ein Vorhaben, das bei Kaskadenmolekülen mit drei oder mehr Generationen zu seitenlangen und völlig sinnlosen Wortungetümen führen würde.

Medikaments Dopamin aufnehmen und zu den Nieren transportieren könnte. Unerwünschte Nebenwirkungen, welche die Droge im Gehirn auslösen kann, würden ausgeschlossen, da der große Transporter im Gegensatz zu dem kleinen Dopaminmolekül nicht in das Zentrale Nervensystem eindringen könnte.

Erst Ende 1994, nach mehr als zehnjähriger Spekulation über die Anwendungsmöglichkeiten der Dendrimere, haben sich die Hinweise auf die Nützlichkeit dieser faszinierenden Moleküle in einer Vielzahl von Anwendungsbereichen zu konkreten Fosrschungsergebnissen verdichtet, die belegen, daß Dendrimere als Katalysatoren und als Transporter geeignet und in mancher Hinsicht anderen Substanzklassen überlegen sind. Dies wurde vor allem ausgelöst durch Fortschritte in der Chemie der Kaskadenmoleküle, die es jetzt ermöglichen, funktionelle Gruppen gezielt einzubauen und auch umschlossene Hohlräume unter der Oberfläche der Dendrimere zu konstruieren.

Die erste Synthese eines Dendrimers mit in Hohlräumen eingeschlossenen Gastmolekülen gelang der Arbeitsgruppe von E.W. Meijer an der Technischen Universität Eindhoven. Auf ein gewöhnliches Dendrimer mit 64 Amino-Endgruppen (Abbildung 18), das eine niederländische Firma im Kilogramm-Maßstab herstellt, pfropften die Wissenschaftler chirale Aminosäuren auf, die, wie sie später beweisen konnten, eine dichte Schale mit Festkörpereigenschaften bildeten. Aus den spektroskopischen Eigenschaften dieser Verbindung folgerten die Forscher, daß es sich um ein Molekül mit harter Schale und weichem Kern handeln müßte, das mithin geeignet sein könnte, Gastmoleküle irreversibel festzuhalten. Tatsächlich gelang es ihnen, eine Vielzahl von Molekülen mit spezifischen spektroskopischen Eigenschaften im letzten Syntheseschritt in den Hohlräumen von ca. fünf Nanometern Durchmesser einzufangen und dann spektroskopisch nachzuweisen. Anwendungen wie kontrollierte Zielsteuerung und Freisetzung von Arzneistoffen oder physikalische Untersuchungen an isolierten Molekülen lassen sich leicht vorhersagen.

Möglicherweise noch gewinnbringender können Dendrimere im Bereich der Katalyse (Reaktionsbeschleunigung) eingesetzt werden. Der erste Schritt in diese Richtung gelang der Arbeitsgruppe von Gerard van Koten an der Universität Utrecht. Als Ausweg aus dem uralten Dilemma zwischen homogener und heterogener Katalyse – die homogenen Katalysatoren sind wirksamer, lassen sich aber schwerer von den Reaktionsprodukten trennen

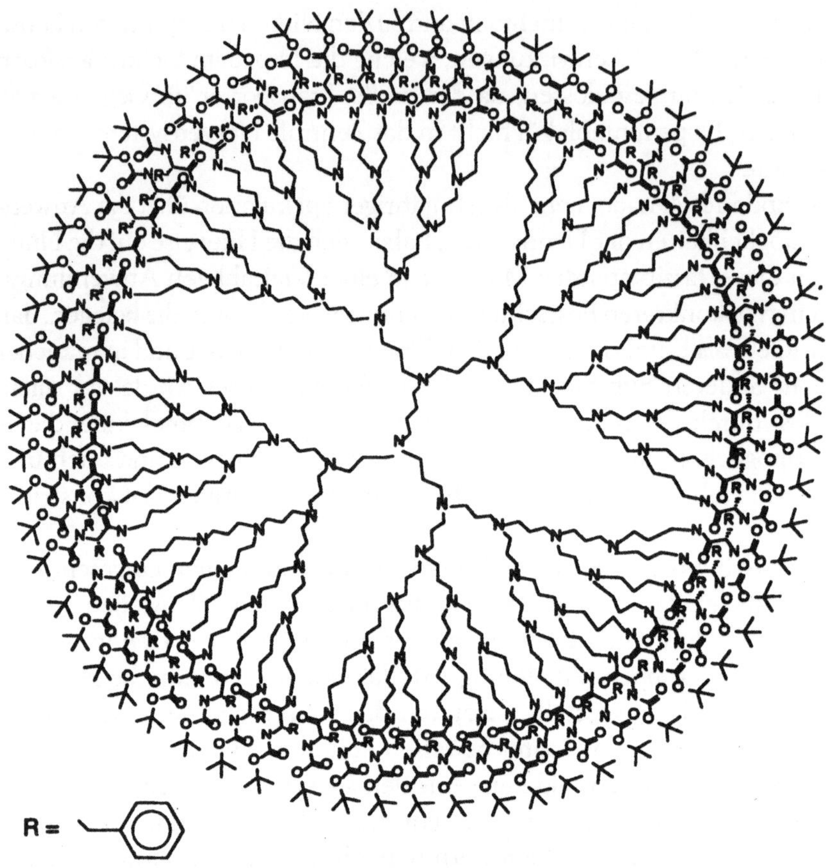

Abbildung 18: Strukturformel der «64-Phe-Box». Nach Jansen et al. (1994).

als heterogene Katalysatoren – versuchten diese Autoren, ihre katalytisch aktive Gruppe an verschiedenartige Polymere zu knüpfen. Und im Fall der dendritischen Träger fanden sie, daß diese die Vorteile der homogenen mit denen der heterogenen Katalyse vereinigen. Die Dendrimere sind gelöste Stoffe, sind also als homogene Katalysatoren zu betrachten und teilen deren Vorzüge. Andererseits sind sie aber aufgrund ihres hohen Molekulargewichts und der beständigen Kugelform leicht durch Ultrafiltrationsmethoden von den Reaktionsprodukten abzutrennen. Im Gegensatz zu linearen

Polymeren, die durch Kriechbewegungen Filtermembranen durchdringen können, die sie nach dem Molekulargewicht eigentlich zurückhalten müßten, haben Dendrimere einen durch die chemischen Bindungen definierten und unveränderlichen Partikeldurchmesser, mithin ein genau festgelegtes Trennverhalten.

Die katalytisch aktive Gruppe, welche die Niederländer an der Außenschale des Dendrimers anbrachten, war ein aktiviertes Nickelatom, ein sogenannter Diaminoarylnickel-II-Komplex. Diese organometallische Gruppe katalysiert die Addition von Polyhalogenalkanen an eine C–C Doppelbindung. Dies bedeutet, daß die Doppelbindung in eine Einfachbindung umgewandelt wird. Eines der C-Atome erhält dabei ein Halogenatom als zusätzlichen Bindungspartner, das andere den Kohlenwasserstoffrest. Obwohl die Forscher bis zu zwölf dieser metallorganischen Gruppen an ein Dendrimer banden, blieben die katalytischen Eigenschaften doch vergleichbar der entsprechenden niedermolekularen Nickelverbindung. Bindung an das Dendrimer scheint den Zugang der Reaktanden zu der katalytisch aktiven Stelle nicht zu beeinträchtigen.

Ein allgemeiner Trend zum Einbau metallorganischer Zentren in Dendrimere läßt sich auch aus dem jüngsten (Dezember 1994) umfassenden Fortschrittsbericht der Arbeitsgruppe des Bonner Dendrimer-Experten Fritz Vögtle ablesen. Die metallhaltigen Gruppen können dabei sowohl wie die diskutierten Nickelkomplexe an der Peripherie als auch als Kernbausteine im Mittelpunkt der Struktur angeordnet sein. Im letzteren Fall könnte die Abschirmung des Kernelements, etwa eines Zink-Porphyrin-Komplexes, dieses vor Redoxreaktionen schützen und es so als Elektronensammelstelle qualifizieren. Prinzipiell gibt es nichts, was man nicht in fraktale Polymere einbauen könnte. Auch Fullerene und Kronenäther sind bereits als «Stamm» bei der Konstruktion molekularer Bäume verwendet worden. Und biologisch inspirierte Dendrimere sind mit Nukleinsäure- und Peptidbausteinen synthetisiert worden. Anwendungsmöglichkeiten für solche pseudobiologische Makromoleküle könnten etwa im Bereich der Gentechnik gefunden werden. Vorläufigen Ergebnissen zufolge erleichtern bestimmte Dendrimere den Gentransfer über Plasmide und bieten auch weitere Vorzüge wie geringe Toxizität und gute pH-Pufferwirkung.

Natürlich ist bei solchen Anwendungsperspektiven immer noch viel Spekulation im Spiel. Doch die Erfolge im Bereich Katalyse und Einschlußverbindungen haben gezeigt, daß die gezielte Synthese von nützlichen

Dendrimeren möglich ist. Wir stehen erst am Anfang einer interessanten Entwicklung.

Ein Tunnel durch die Zellmembran: Zu Nanoröhren aufgestapelte Peptidringe bilden synthetische Ionenkanäle

Löcher machen nicht nur das Wesen des Schweizer Käses aus – in kleinerem Maßstab sind sie auch verantwortlich für vielerlei interessante und nützliche Eigenschaften natürlicher oder synthetischer Werkstoffe. Wo Löcher mit molekularen Abmessungen (d.h. in der Größenordnung weniger Nanometer) sind, lassen sich verschiedenartige Moleküle trennen – das kleinere geht hinein, wird dadurch auf seinem Weg einige Zeit aufgehalten, das größere schwimmt vorbei. Oder die eine Art bindet an die Innenfläche, die andere nicht. Wo Löcher sind, ist auch eine vergrößerte Grenzfläche, die der Katalyse (Reaktionsbeschleunigung) dienen kann.

Gleichzeitig mit der epidemieartigen Ausbreitung der (ebenfalls hohlen, aber geschlossenen) fußballförmigen Fullerene ist eine weitere Hohlstruktur in den Mittelpunkt des Interesses gerückt: «nanotubes», winzige Röhren, deren Innendurchmesser nur wenige Nanometer beträgt und die einzeln oder ineinandergeschachtelt ausgedehnte Kristalle aus vielen parallel angeordneten Röhren bilden können. Nachdem es 1991 – als Nebenprodukt des Fulleren-Fiebers – Wissenschaftlern geglückt war, die bienenwabenförmigen Kohlenstoffschichten des Graphits zu solchen Nanoröhren aufzurollen, hat eine Arbeitsgruppe am Scripps-Forschungsinstitut in La Jolla, Kalifornien, zwei Jahre später einen völlig anderen Weg zum Aufbau vielseitig variierbarer Röhren gewählt: die Stapelung von Ringen.

Peptide – Kettenmoleküle, die ebenso wie Proteine aus Aminosäuren bestehen – lassen sich leicht herstellen und können je nach Art der verwendeten (natürlichen oder neu erfundenen) Aminosäuren die verschiedensten Eigenschaften haben. Die Erfinder der sich aus Ringen selbst zusammenlagernden Kleinströhren kreierten ein zyklisches Peptid aus acht Aminosäuren, das an zwei gegenüberliegenden Positionen den Baustein Glutaminsäure enthält. Diese bezeichnet man als «saure» Aminosäure, weil sie zusätzlich zu der bei allen Aminosäuren vorhandenen (aber in der Peptidbindung neutralisierten) Säuregruppe eine saure Seitenkette besitzt. Letztere ist im alkalischen oder neutralen Milieu negativ geladen – die Abstoßung gleichnamiger Ladungen verhindert unter diesen Bedingungen die Zusammenlagerung der Ringe. Verschiebt man jedoch den pH-Wert einer Lösung dieses Peptids in den sauren Bereich, so wird diese Ladung neutralisiert und der Abstoßungseffekt entfällt. Nun treten die Wasserstoffbrückenbindungen in Aktion, die auch in Biomolekülen eine entscheidende Rolle bei der Strukturbildung spielen. Stapeln die Ringe sich aufeinander, so können sie mit jedem Nachbarn acht dieser schwachen, aber im Verein hinreichend stabilen Bindungen ausbilden. Weitere Wasserstoffbrücken können zwischen den Seitenketten der Aminosäure Glutamin ausgebildet werden, die somit die Orientierung der Ringe im Stapel festlegt und die Röhre zusätzlich stabilisiert.

Die Stapelung führt dazu, daß nach Ansäuern der Lösung innerhalb weniger Stunden nadelförmige Kristalle von einigen Mikrometern (tausendstel Millimeter) Länge auftreten. Daß diese Nadeln tatsächlich, wie bei der Planung des Experiments beabsichtigt, aus Nanoröhren bestehen, konnten die Forscher durch Elektronenmikroskopie, Elektronenbeugungsmuster und Infrarotspektroskopie nachweisen. Computermodellierung zeigte, daß von den verschiedenen denkbaren Strukturen des ringförmigen Peptids lediglich diejenige, welche die postulierten acht Wasserstoffbrücken bildet, in die Einheitszelle des Kristalls hineinpaßt. Die Röhren haben einen Innendurchmesser von 0,7 bis 0,8 Nanometern und sind einige hundert Nanometer lang.

Nachdem die Forscher eine ganze Reihe spektroskopischer Indizien dafür gesammelt hatten, daß diese Nadeln tatsächlich aus vielen parallel ausgerichteten Nanoröhren bestehen, und außerdem ein Modellbild für die vorgeschlagene Struktur errechnet hatten (Abbildung 19), gelang ihnen schließlich der schlagendste Beweis, indem sie zeigten, daß die Peptidringe sich in Membranen einlagern, einen Tunnel bilden und durch diesen Tunnel tatsächlich Ionen fließen. Wenn man zum Beispiel synthetische, membranumschlossene Kügelchen (Vesikeln) einer Umgebung aussetzt, die einen anderen pH-Wert hat als die Lösung im Inneren der Vesikeln, kann sich der pH-Unterschied nur durch einen Ionenkanal ausgleichen. Solange die Membranen intakt und geschlossen sind, bleibt der Unterschied erhalten. Setzt man jedoch der umgebenden Lösung die zyklischen Peptide zu, so lagern diese sich in die Membran ein und bilden einen Tunnel, durch den Wasserstoffionen (H^+) fließen und den pH nivellieren können. Das läßt sich relativ leicht durch Indikatorfarbstoffe (wie etwa Lackmus) nachweisen.

Der entscheidende Funktionstest für Ionenkanäle oder -transporter durch Membranen ist jedoch die *Patch-Clamp*-Technik («Membranfleck-Klemme»), für deren Entwicklung Erwin Neher und Bert Sakmann[4] 1991 mit dem Nobelpreis für Physiologie oder Medizin ausgezeichnet wurden. Setzt man eine extrem feine Glaspipette auf eine Membran auf und erzeugt einen leichten Unterdruck, so isoliert der Glasrand diesen Membranfleck von der übrigen Membran, und man kann den Strom messen, der fließt, wenn Ionen durch einen einzelnen oder einige wenige in dem Fleck befindliche Ionenkanäle fließen. Erwartungsgemäß floß durch die untersuchten Membranen kein Strom, solange sie tunnelfrei waren; sobald die Forscher jedoch der umgebenden Lösung das richtige, röhrenbildende, Peptid zusetzten, konnten sie einen ausgeprägten Ionenfluß, etwa von Kaliumionen feststellen. Diese flossen etwa dreimal so schnell durch die synthetische Nanoröhre wie durch einen natürlichen Ionenkanal, der von dem aus 15 Aminosäuren bestehenden Peptid Gramicidin A gebildet wird. Als Kontrollsubstanzen eingesetzte zyklische Peptide, denen je eines der wesentlichen Konstruktionsmerkmale der Röhrenbildner fehlte, konnten überhaupt keinen Stromfluß hervorrufen.

An Versuchen, synthetische Ionenkanäle zu konstruieren, hat es auch vordem nicht gemangelt. Doch bevor Ghadiri und Mitarbeiter den genialen Trick der Selbstassemblierung von Ringen fanden, mußte man sehr lange Moleküle konstruieren, welche die ganze Membran durchspannen und dennoch genug Volumen haben, um einen Hohlraum freizuhalten. Ringe waren dabei allerdings von Anfang an im Spiel. Der Urtyp aller synthetischen Ionentransporter wird von der Substanzklasse der Kronenäther verkörpert, welche Charles Pedersen 1967 entdeckte, als er bei Dupont ein unerwünschtes Nebenprodukt einer mißlungenen Synthese genauer analysierte. Kronenäther können mit den nach innen weisenden Sauerstoffatomen der Äthergruppen Metallionen binden und sind auf der Außenseite wasserabweisend genug, um diese im Pendelbus-Prinzip durch eine Membran hindurchschleusen zu können.

Einen Schritt weiter ging in den achtziger Jahren eine Arbeitsgruppe an der Universität Kyoto, die ein anderes Ringmolekül, diesmal ein aus sechs Zuk-

4 Erwin Neher (geb. 1944) ist seit 1983 Direktor am Max-Planck-Institut für biophysikalische Chemie in Göttingen. Bert Sakmann (geb. 1942) ist seit 1989 Direktor der Abteilung Zellphysiologie am Max-Planck-Institut für medizinische Forschung in Heidelberg.

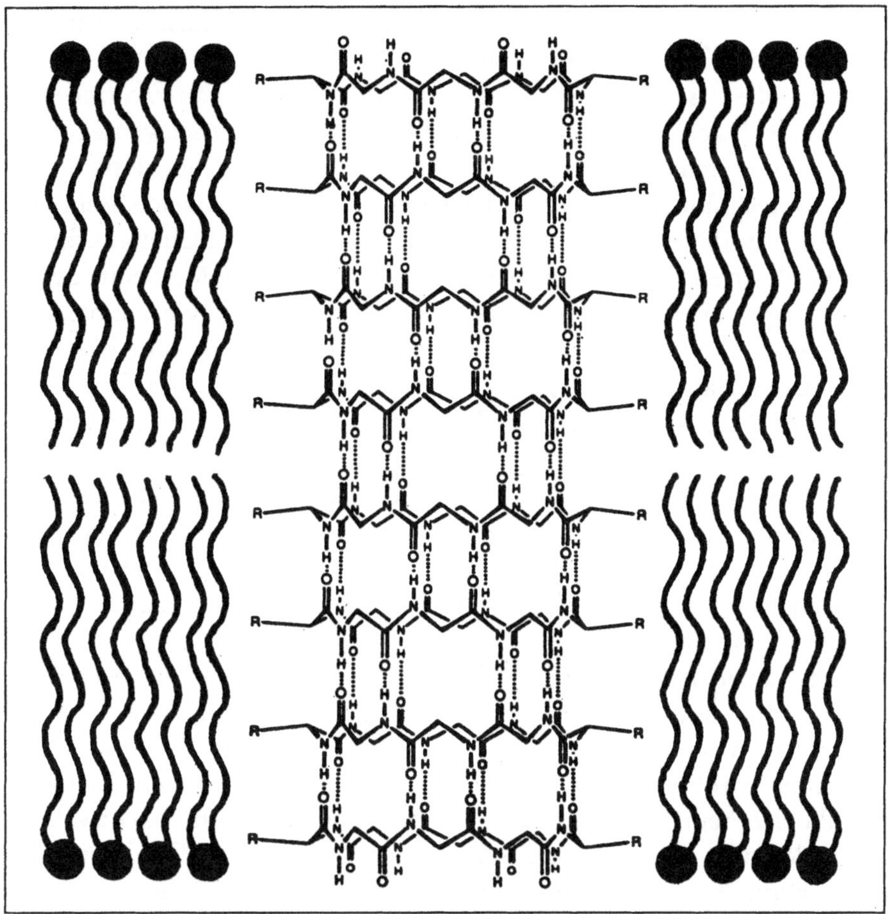

Abbildung 19: Ein Stapel aus 8 zyklischen Octapeptiden bildet einen synthetischen Ionenkanal. Die gepunktet eingezeichneten Wasserstoffbrückenbindungen zwischen den NH- und CO-Gruppen benachbarter Ringe entsprechen dem Bindungsmuster in einem β-Faltblatt, einem in Proteinen häufig anzutreffenden Strukturmotiv. Statt als einen Stapel von 8 Ringen könnte man die Röhre also auch als ein aufgerolltes β-Faltblatt aus 8 Strängen auffassen. Nach Ghadiri et al. (1994).

kereinheiten aufgebautes, gut wasserlösliches Cyclodextrin, mit vier langen, wassermeidenden Schwänzen versah. Je zwei dieser «Halbkanäle» werden benötigt, um einen funktionierenden Tunnel zu bilden, mit den Cyclodextrin-Ringen als Ein- und Ausfahrt (Abbildung 19). Durch diese Kanäle flossen Cobalt- und Kupferionen mit Geschwindigkeiten, die immerhin deutlich über denen der Kontrollexperimente lagen.

Anstatt die wasserliebenden Ringe außen auf die Membran zu setzen und zu hoffen, daß sich die wassermeidenden Kohlenwasserstoffschwänze innen begegnen und sich zu einer Röhre zusammenlagern, ging Jean-Marie Lehn, der als Mitbegründer der supramolekularen Chemie 1987 (gemeinsam mit dem oben erwähnten Charles Pedersen) den Nobelpreis für Chemie erhielt, den umgekehrten Weg und setzte den Ring in die Mitte der Membran. Seine Arbeitsgruppe am Collège de France in Paris[5] entwickelte sogenannte Bukettmoleküle, bestehend aus einem Kronenäther, auf den (statt Blumen) langkettige lineare Moleküle, etwa Polyäther, aufgepfropft sind. In diesem Fall weisen die wasserabweisenden Kettenmoleküle parallel zur Symmetrieachse des zentralen Rings in beide Richtungen und strecken ihre Köpfe, zum Beispiel wasserliebende Carbonsäuregruppen, aus der Membran heraus. Die von Lehn und Mitarbeitern getesteten Bukettmoleküle lassen Natrium- und Lithiumionen durch die Membran passieren, und verschiedene Indizien sprechen dafür, daß es sich hier um einen echten Kanal, und nicht um einen Shuttle-Mechanismus handelt.

Doch keiner der Kanäle nach dem «Ring-mit-Fransen-Prinzip» war so wirkungsvoll wie die Peptid-Nanoröhren. Im Hinblick auf Anwendungsmöglichkeiten haben diese zudem den Vorteil, daß ihre Strukturen mit geringstem Syntheseaufwand vielfältig variiert werden können. Es sollte kein Problem sein, statt acht Einheiten pro Ring sechs, zehn oder zwölf zu verwenden oder statt der «eigenschaftslosen» Aminosäure D-Alanin eine andere einzusetzen, welche die Membranlöslichkeit erhöht oder verringert. So ließe sich für Substanzen, deren Einsatz als Pharmaka bisher am Import in die Zelle scheitert, ein spezieller Kanal konstruieren, der mit der Arznei verabreicht werden könnte. Oder man könnte andere, an physiologischen Kriterien orientierte «Schalter» einführen, die ähnlich wie der pH-Sprung in den Experimenten von Ghadiri et al. die Selbstorganisation und/oder die Kanalfunktion der Röhren steuern. Auf diese Weise könnte man nicht nur einfache Löcher in die Zellmembran einbauen, sondern genau regulierbare Ventile.

5 Jean-Marie Lehn leitet gleichzeitig auch eine Arbeitsgruppe an der Université Louis Pasteur in Straßburg.

Nicht nur Salz und Soda: Auch eine Doppelhelix kann das vermeintlich harmlose Natriumion aufbauen helfen

In Allerweltschemikalien wie Kochsalz, Ätznatron, Glaubersalz, Chilesalpeter und Soda findet sich das einfach positiv geladene Ion des Alkalimetalls Natrium. Und damit, daß es mit negativ geladenen Ionen Salze bildet, so glaubte man, hat sich die Chemie dieses biederen Elements auch schon erschöpft. Für ihre neuesten exotischen Molekülkreationen greifen Organometallchemiker lieber auf Übergangsmetalle wie Eisen, Kupfer oder Molybdän zurück, die mit ihren vielen verschiedenen Oxidationsstufen eine im wahrsten Sinne des Wortes sehr viel farbigere Chemie ermöglichen.

Doch einen kleinen Überraschungserfolg gibt es jetzt auch für das Mauerblümchen: Thomas Bell und Hélène Jousselin von der State University of New York brachten Natriumionen mit einem organischen Molekül (einem Oligopyridin) zusammen, das wie ein Sperr-Ring ein Loch und eine schraubenartige Verdrillung aufweist, und siehe da, zwei dieser Ringe ordneten sich um das Natriumatom herum zu einer Doppelhelix an (Abbildung 20). Sechs Stickstoffatome an der Innenseite des Liganden sorgen für schwache, aber offenbar ausreichende Bindungen. Ein bißchen «Mogeln» ist insofern im Spiel, als die Verdrillung in diesem Fall in dem organischen Liganden schon vorgegeben ist, während Übergangsmetalle auch frei bewegliche Moleküle zur Helix formen können. Andererseits konnten die Autoren mit Hilfe der kernmagnetischen Resonanzspektroskopie (NMR) aber zeigen, daß doch eine gewisse strukturierende Wirkung des Natriumions vorliegen muß. Die Spirale ohne Natrium ist nämlich so flexibel, daß sie mehr als tausendmal pro Sekunde zwischen den beiden spiegelbildlichen Formen eines Links- und Rechtsgewindes umklappen kann. In dem Natriumkomplex hingegen bleibt das Molekül auf Dauer auf eine Händigkeit festgelegt.

Ein weiteres Argument dafür, daß sich das Natrium nicht einfach in ein passendes Loch gesetzt hat (wie etwa bei den seit langem bekannten, im vorigen Kapitel erwähnten Kronenäthern), erklärt gleichzeitig, warum ausgerechnet eine Doppelhelix gebildet wird. Nimmt man eine zylindrische Sprungfeder an beiden Enden und zieht sie in die Länge, dann wird dadurch der Durchmesser des eingeschlossenen Hohlraums kleiner. Tatsächlich wäre eine einfache Wendel des Oligopyridins zu weit, um ein Natriumion binden zu können. In der Doppelhelix sind dadurch, daß zwei Federn ineinander geschachtelt sind, Anfang und Ende weiter auseinander, und somit wird das

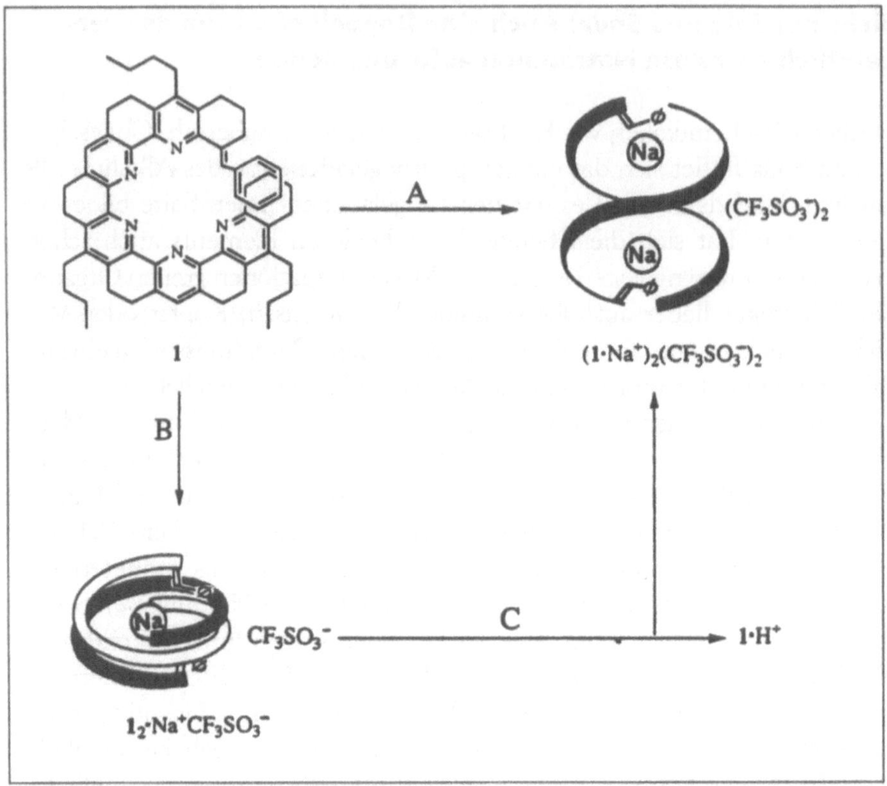

Abbildung 20: Bildung einer Doppelhelixstruktur aus zwei Molekülen des Oligopyridins 1 und einem bzw. zwei Natriumionen. Der doppelkernige Komplex kann sowohl direkt (Reaktion A) als auch über den einkernigen Komplex als Zwischenstufe synthetisiert werden. Nach Bell und Jousselin (1994).

Loch in der Mitte genau auf den für das Natriumion passenden Durchmesser verkleinert. Natürlich verdoppelt sich auch die Zahl der Bindungen, wenn der Komplex nur ein Ion aufnimmt. (Er kann aber bei bestimmten Synthesebedingungen auch zwei Ionen enthalten.)

Der Umstand, daß bereits die schwachen Kräfte des Natriumions diese komplizierte Struktur hervorrufen können, veranlaßte die Autoren zu der Spekulation, daß ein geringer Anteil der Doppelhelix-Struktur bereits ohne das Metall in Lösung vorliegt. Könnte man längerkettige Varianten des Moleküls dazu bringen, ähnliche Komplexe zu bilden, so würden diese der vermuteten Struktur der Poren bildenden Antibiotika wie Gramicidin nahekommen. Solche Substanzen könnten dann als Modelle für Ionenkanäle in der Zellmembran oder auch als elektronische Bauelemente der Nanotechnologie dienen.

Molekulare Knoten: Topologische Chemie ist keine Hexerei

Topologie ist die Wissenschaft, die uns sagt, wie man die Unterhose ausziehen kann, ohne die Hose herunterzulassen – vorausgesetzt, die Unterhose ist elastisch genug. Bei topologischen Betrachtungen darf man Objekte beliebig dehnen und verformen, solange ihre Verknüpfungseigenschaften gewahrt bleiben. Man darf also etwa bei dem Unterhosenproblem keine Schere zu Hilfe nehmen. Zwei Glieder einer Kette, das heißt ineinander verschlungene Ringe, sind zum Beispiel ein topologisches Objekt, das in verschiedensten Abwandlungen zu finden ist, aber durch die topologische Eigenschaft immer definiert ist. Die Topologie, die man auch als die «Wissenschaft von den räumlichen Beziehungen» definieren kann, ist eine Abteilung der Mathematik. Sie ist aber auch Grundlage mancher Zaubertricks und Puzzles.

Verschlungene Ringe, Ringe, die wie Perlen auf einer Schnur aufgezogen sind, oder verwickelte Knoten, das sind topologische Objekte, für die sich supramolekulare Chemiker in jüngster Zeit immer stärker interessieren. Zum einen ist die topologische Verknüpfung eine elegante Methode, Moleküle nichtkovalent miteinander zu koppeln und ihre Wechselwirkungsweise offen zu halten. Enthalten die miteinander verschlungenen Moleküle verschiedene potentielle Bindungsstellen, die unter verschiedenen chemischen Bedingungen aktiviert werden, so kann das Ringsystem etwa als molekularer Schalter benutzt werden. Entsprechende Supramoleküle, die etwa durch Elektronenzufuhr auf eine andere Verknüpfungsweise umgeschaltet werden können, sind schon von mehreren Arbeitsgruppen entwickelt worden und könnten später im Bereich der Nanotechnologie Anwendungen finden. Und J. Fraser Stoddart von der Universität Birmingham hat bereits einen kleinen Ring auf einem größeren als molekulare Eisenbahn mit Start- und Stopsignalen im Kreis fahren lassen. Eine neuere, noch verwickeltere Kreation aus Stoddarts Arbeitskreis ist ein in Anlehnung an die olympischen Ringe gestaltetes Molekül aus fünf ineinander gefädelten Ringen, das Olympiadan, systematisch als [5]Catenan klassifiziert (Abbildung 21a). Allgemein bezeichnet man Moleküle aus ineinander verschlungenen Ringen als Catenane.

Man braucht aber nicht einmal mehrere Ringe, um topologisch verwikkelte Strukturen herzustellen. Wie Jean-Pierre Sauvage an der Université Louis Pasteur in Straßburg bereits 1990 zeigen konnte, kann man Ringmoleküle konstruieren, die mit sich selbst zu einem unauflösbaren Knoten, zum Beispiel dem in Abbildung 21b gezeigten Kleeblatt-Knoten verschlungen sind. Zur Synthese dieses molekularen Knotens benutzte Sauvage zwei Kupferionen als Baugerüst, um das die Ausgangsverbindung eine ganze Windung einer Doppelhelix bildete. Durch kreuzweise Verknüpfung der freien Enden erzeugten die Forscher dann die Knoten-Topologie. Der Knoten besitzt sogar, ebenso wie die als Zwischenstufe benötigte Helix, eine Händigkeit (Chiralität), das heißt, die gezeigte Struktur ist nicht mit ihrem Spiegelbild zur Deckung zu bringen, auch nicht durch topologische Zaubertricks. Bei der Synthese fällt eine Mischung der beiden spiegelbildlichen Formen an. Kristallisiert man die Verbindung jedoch, so enthält jeder Kristall nur eine Molekülform.

Bereits in den sechziger Jahren gab es vereinzelte, oft nach dem Zufallsprinzip durchgeführte Versuche, verschlungene Ringe herzustellen. Nimmt man eine Lösung, in der die offenkettige Molekülvariante in hoher Konzentration vorliegt, und löst dann die Ringschlußreaktion aus, so kann man damit rechnen, daß ein kleiner Teil der Ringe Catenane bilden. Aufgrund des höheren Molekulargewichts läßt sich dieser Anteil leicht abtrennen, und die unverknüpften Ringe können wieder geöffnet und einem neuen Versuch zugeführt werden.

Die heutige Renaissance der topologischen Chemie ist unter anderem darauf zurückzuführen, daß die modernen Synthesemethoden der metallorganischen Chemie einen sehr viel eleganteren und zielgerichteteren Ansatz ermöglichen. Die entscheidenden Windungen des Zielmoleküls können durch Koordination geeigneter organischer Moleküle um Metallzentren aufgebaut und anschließend zu Ringen verknüpft werden. Die eigentliche Herausforderung besteht also darin, eine metallorganische Zwischenstufe zu entwerfen, welche die Molekülstränge in einer Anordnung fixiert, die dem Synthetiker die abschließende Umsetzung ermöglicht. Ist der Knoten einmal geknüpft, können die nichtkovalent gebundenen Metallzentren entfernt werden.

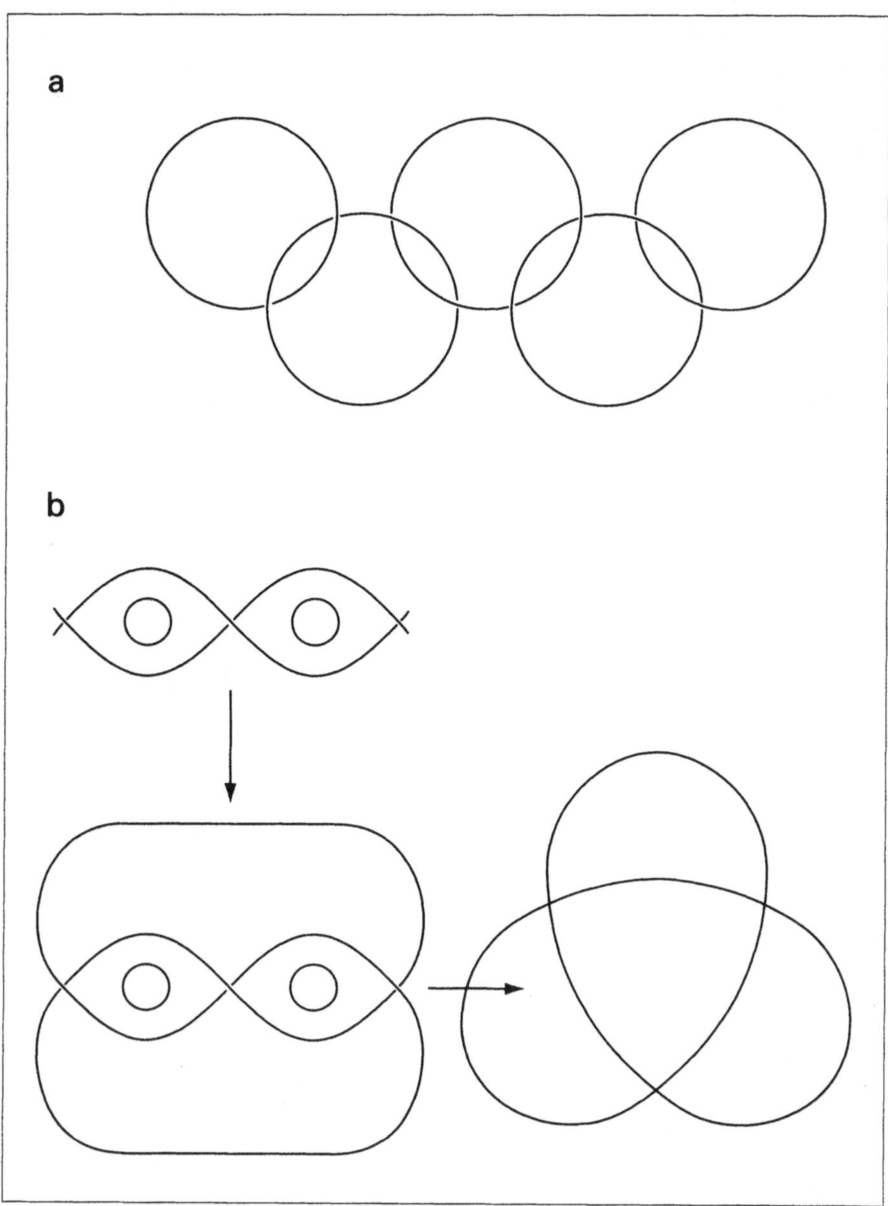

Abbildung 21: Topologische Moleküle. a) Olympiadan, ein Molekül aus fünf verschlungenen Ringen; b) Ein Kleeblatt-Knoten entsteht, wenn die Enden einer um zwei Metallatome herumgewundenen Doppelhelix kreuzweise verknüpft werden, so daß ein einziger geschlossener und verknoteter Strang entsteht.

Bei den molekularen Schaltern hingegen kommt den Metallatomen eine wichtige Funktion zu. Sie können als Steuerelemente benutzt werden, da sich ihre Bindungseigenschaften gegenüber der organischen Wirtsverbindung in der Regel durch Zugabe oder Entzug von Elektronen ändern lassen. Solche Schaltmöglichkeiten machen die topologischen Moleküle, die sonst nur eine hübsche Spielerei wären, zu wichtigen Grundelementen für zukünftige molekulare Technologien.

Molekulare Gerüste, Elektronen-Autobahnen und Bio-Computer: DNA als Werkstoff

Proteine, so haben wir in Teil II gesehen, sind diejenigen Moleküle der Zelle, die komplizierte Strukturen bilden und chemisch diffizile Funktionen ausführen. DNA ist im Vergleich dazu ein eher eintöniges Molekül, das nur vier verschiedene Bausteine besitzt und dessen höhere Strukturen einzig und allein dem Zweck der platzsparenden Unterbringung des genetischen Materials dienen.

Doch daraus, daß DNA in der Natur «nur» als Informationsspeicher dient, folgt noch nicht, daß man mit diesem Baukasten nicht noch andere Dinge bauen könnte. Ein wesentlicher Vorteil dieses Baumaterials ist der, daß man mit der Polymerase-Kettenreaktion eine Methode zur raschen Vervielfältigung von Unterstrukturen und mit den Restriktionsenzymen höchst spezifisches Schneidwerkzeug zu seiner Bearbeitung bereit hat.

Das seien doch ideale Voraussetzungen, fand Nadrian Seeman von der New York University, um aus DNA interessante dreidimensionale Strukturen aufzubauen. Und er machte sich im Jahre 1990 daran, zusammen mit J. Shen einen Würfel aus DNA zu entwerfen und zu synthetisieren. Jede der sechs Flächen des fertigen Würfels wurde von einem ringförmigen DNA-Molekül aus 80 Nukleotiden umschlossen. Jede der zwölf Kanten bestand aus einer Doppelhelix aus 20 Basenpaaren, was genau zwei Windungen der Doppelhelix entspricht. An jeder der acht Ecken trafen sich drei Doppelhelices zum Partnertausch (Abbildung 22).

Ausgehend von zehn offenkettigen DNA-Einzelsträngen benötigten die Forscher insgesamt fünf Schritte der Zyklisierung, Doppelstrangbildung, Verknüpfung und Zwischenreinigung, um das Endprodukt zu erhalten, dessen Würfel-Topologie sie mittels spezifischer Erkennung der Doppel-

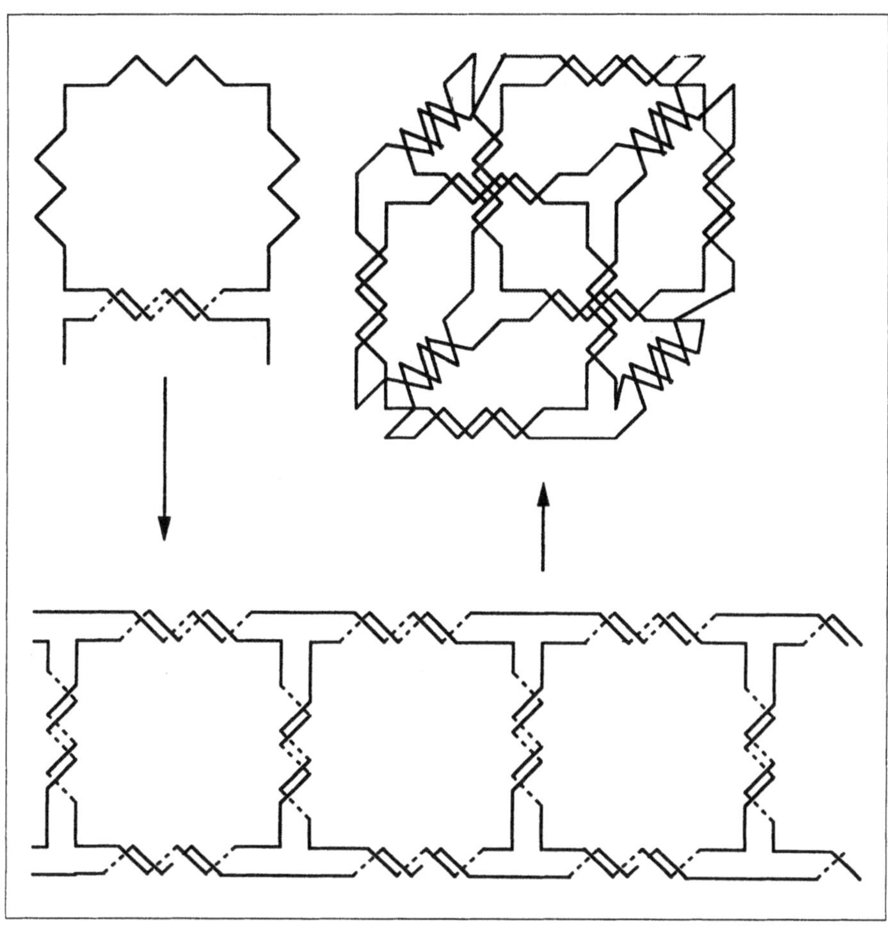

Abbildung 22: Ein Würfel aus DNA. Jede Seite des Würfels wird von einem ringförmig geschlossenen DNA-Strang umgeben.

stränge durch Restriktionsenzyme nachwiesen. Topologie bedeutet, daß die sechs Ringe genau in der Weise miteinander verschlungen sind, die nötig ist, um einen Würfel zu bilden. Ob das «Objekt» tatsächlich würfelförmig ist, was man aufgrund von Modellrechnungen vermutet, oder ob die Doppelhelices vielleicht so gekrümmt sind, daß es sich eher um eine Kugel handelt, konnten die Forscher mangels Masse nicht feststellen.

Das hinderte sie jedoch nicht daran, nach Höherem zu streben und noch kompliziertere Strukuren mit ihrem DNA-Baukasten herzustellen. Im Jahre 1994 konnten sie dann die Synthese eines Supramoleküls mit der Geometrie eines Oktaederstumpfs berichten, das, ebenso wie der Würfel, Kanten aus 20 Nukleotidpaaren enthält. Insgesamt besteht diese neueste Kreation aus 1440 Nukleotiden, bei einem Molekulargewicht von knapp 800000. Das entspricht den großen natürlichen Proteinkomplexen wie etwa der «molekularen Anstandsdame» GroEL (S. 64)und dem 20S-Proteasom (S. 77). Dieses Supermolekül enthält sogar freie Anschlußstellen, die sich möglicherweise zum Aufbau eines porösen endlosen Gitters nach Art der Zeolithe (Aluminiummineralien) aufbauen ließen.

Sollte es sich herausstellen, daß Seemans Konstrukte die von der Topologie vorgegebene Struktur auch mit hinreichender Stabilität realisieren, so eröffnen die für molekulare Maßstäbe riesigen inneren Hohlräume und die Möglichkeit der chemischen Modifikation der Bausteine eine ganze Reihe von Anwendungsperspektiven, zum Beispiel als Transporter für Pharmaka oder als Baugerüst für andere molekulare «Bauarbeiten» oder, in Kombination mit angekoppelten Katalysatoren, als Nano-Fabrik.

Doch nicht nur als «mechanisches» Gerüstmaterial ist DNA für Chemiker wieder interessant geworden. Es sieht auch so aus, als ob das Innere der Doppelhelix ein bemerkenswert guter elektrischer Leiter ist. Bereits 1993 fand Jackie Barton am California Institute of Technology (Caltech), daß die Geschwindigkeit der Elektronenübertragung durch die übereinandergestapelten aromatischen Elektronensysteme der Stickstoffbasen im Inneren der Doppelhelix für ein biologisches System extrem schnell ist. Die von ihr angegebenen Geschwindigkeiten waren aber so hoch, daß man ihr Ergebnis nicht glaubte. Anfang 1995 präsentierten Thomas Meade und Jon Kayyem, die ebenfalls am Caltech arbeiten, neue Beweise für die schnelle Elektronenleitung in DNA, mit etwas kleineren Zahlen, die dann auch Anerkennung und Beachtung fanden.

Metallorganische Komplexe des Schwermetalls Ruthenium dienen in dem Experiment von Meade und Kayyem sowohl als Sender als auch als Empfänger des schnellen Stromstoßes. Der Sender wird durch einen Laser-Lichtblitz aktiviert, und die Ankunft des Elektrons in dem zweiten Rutheniumkomplex macht sich durch eine Änderung der spektroskopischen Eigenschaften des Moleküls bemerkbar. Möglicherweise ist die komplizierte Architektur des ersten Komplexes, die das Elektron erst durchdringen muß, bevor es zu der «Schnellstraße» durch die gestapelten aromatischen Ringe gelangt, der Grund dafür, daß die Weitergabe etwas langsamer verläuft als in Bartons Experiment. Zumindest Jackie Barton glaubt jedoch daran, daß ihre Untersuchungen, bei denen die Elektronen direkt in dem Inneren der Doppelhelix freigesetzt werden, wirklich die Geschwindigkeit des Elektronentransports in DNA demonstrieren.

Wie dem auch sei, die Tatsache, daß das DNA-«Kabel» nur funktioniert, wenn ein Doppelstrang vorliegt, auch wenn Sender und Empfänger an denselben Strang der Doppelhelix gebunden sind, eröffnet die Möglichkeit, einen spezifischen Biosensor für DNA-Sequenzen zu entwickeln. Man könnte den zu der nachzuweisenden Sequenz komplementären Gegenstrang synthetisieren, mit den beiden Rutheniumkomplexen koppeln und dann auf die Suche nach DNA-Fragmenten gehen, die per Doppelstrangbildung den schnellen Elektronentransport-Effekt hervorrufen. Zwar müssen die Forscher noch nachprüfen, inwieweit die charakteristische Leitfähigkeit des Doppelstrangs durch falsche Basenpaarungen gestört wird. Stellt es sich heraus, daß der Effekt bereits durch eine einzelne Fehlpaarung merklich gestört wird, so könnte die neue DNA-Sonde tatsächlich besser und spezifischer werden als alle bisher verfügbaren Methoden. Praktische Anwendungen in der medizinischen Diagnostik, der Forensik oder der Suche nach Krankheitserregern im Trinkwasser würden dann wahrscheinlich rasch realisiert werden.

Nicht genug damit, daß DNA Elektronen leiten kann, sie kann möglicherweise auch unser liebstes elektronisches Gerät, den Computer, ganz schön alt aussehen lassen. Im November 1994 berichtete Leonard Adleman von der Universität von Südkalifornien, daß er aus DNA eine Art «Chemischen Computer» konstruieren konnte, der immerhin eine einfache Version des klassischen «Handelsreisenden-Problems» lösen konnte, das darin besteht, die kürzeste Route durch eine Anzahl von Städten zu finden. Wie ein elektronischer Computer kann DNA Information in einem Code speichern. Man kann die Information mittels molekulargenetischer Methoden lesen, kopieren, vervielfältigen, nach verschiedenen Kriterien sortieren. Jeder einzelne dieser Schritte dauert natürlich in dem chemischen System (insbesondere außerhalb der Zelle) erheblich länger als im Mikrochip. Der Vorteil der DNA gegenüber dem elektronischen Computer ist jedoch der, daß man in einem Reagenzglas leicht 10^{19} verschiedene DNA-Stränge, mithin 10^{19} verschiedene Datensätze gleichzeitig handhaben kann. Richard Lipton von der Universität Princeton schlug im April 1995 aufgrund theoretischer Überlegungen vor, daß diese enorme Kapazität zur Ausführung paralleler Rechnungen es dem DNA-Computer ermöglichen könnte, Probleme zu lösen, an denen herkömmliche elektronische Rechner scheitern.

Diese Prognose hat die Computerwissenschaftler, die von Adlemans molekularbiologischem Primitivrechner nur mäßig beeindruckt waren, aufhorchen lassen. Möglicherweise entsteht hier, an der Grenze zwischen Informatik und Molekularbiologie ein völlig neues Forschungsgebiet, das noch mit einigen Überraschungen aufwarten könnte.

Wege zu künstlichen Enzymen: Synthetische Supramoleküle machen den katalytischen Antikörpern Konkurrenz

Rund 100 Jahre älter, doch nicht weniger aktuell ist das Forschungsthema der molekularen Erkennung. Dieses erblickte das Licht der Welt, als ein außerordentlich seriöser Berliner Chemieprofessor sich im vorletzten Absatz einer Veröffentlichung über den «Einfluß der Configurationen auf die Wirkung der Enzyme» ausnahmsweise erlaubte, ein ganz klein wenig zu spekulieren: Die Wechselwirkung zwischen Enzym und Substrat, so seine gewagte Hypothese, finde nur dann statt, wenn beide komplementäre Strukturen enthielten: «Um ein Bild zu gebrauchen, will ich sagen, dass Enzym und Glucosid wie Schloss und Schlüssel zueinander passen müssen, um eine chemische Wirkung aufeinander ausüben zu können.» Doch da er mehr von Experimenten als von Hypothesen hielt und an Strukturuntersuchungen an Enzymen 1894 nicht zu denken war, verfolgte er diesen Gedanken nicht weiter – nur ein einziges Mal griff er die Analogie in einer späteren Publikation wieder auf, um sie ein wenig zu verfeinern. Seinen Ruhm als überragender Chemiker seiner Zeit und den Nobelpreis für Chemie verdankte Emil Fischer[6] nicht dieser Hypothese, sondern seinen Beiträgen zur Zuckerchemie.

Doch die Vertreter der gerade aufkeimenden «physiologischen Chemie» griffen die Schlüssel-Schloß-Hypothese rasch auf, und heute, ein Jahrhun-

6 Emil Fischer (1852–1919) erhielt für seine grundlegenden Arbeiten zur Kohlenhydrat-Chemie 1902 den Nobelpreis für Chemie.

dert nach ihrer ersten Veröffentlichung, ist molekulare Erkennung nach diesem Prinzip aktueller denn je. Und das, obwohl Daniel Koshland[7] bereits 1958 herausfand, daß viele Enzyme nicht so starr sind wie ein Schloß, sondern sich eher in ihrer Struktur dem Schlüssel, das heißt dem Substrat, anpassen. Der «induced fit» (durch die Wechselwirkung mit dem Substrat ausgelöste Paßform) löste scheinbar das Schlüssel-Schloß-Prinzip ab. Doch siehe da, die bildgebenden Schlösser evolvierten parallel mit dem Kenntnisstand der Biochemiker – auch in einem Sicherheitsschloß sorgen bewegliche Zapfen für einen «induced fit». Ein weiterer Grund für die anhaltende Popularität der hundertjährigen Metapher liegt darin, daß die molekulare Erkennung heute längst nicht mehr die alleinige Domäne der Enzymologie ist. Die sogenannte supramolekulare Chemie befaßt sich ausschließlich mit Molekülpaaren oder -gruppen, die sich wie Schlüssel und Schloß oder wie Wirt und Gast zusammentun, ohne eine dauerhafte Bindung einzugehen. Und solche synthetischen Wirte und Gäste sind oft starrer als natürliche Enzyme und Substrate, deshalb paßt ihre Erkennung eher in das Schlüssel-Schloß-Bild. Aber auch Polymerchemie, Oberflächen- und Kolloidchemie befassen sich mit ähnlichen Problemen, unter anderem auch im Hinblick auf die angestrebte Entwicklung «intelligenter» Werkstoffe.

Dennoch spielen die Enzyme und ihre Substrate – die Schloß- und Schlüsselverbindungen der Natur – in den meisten Arbeiten zu diesem Thema eine wichtige Rolle – sei es als Ausgangspunkt für Variationen (hitzeresistentere Proteine, wirksamere Hemmstoffe etc.) oder als Zielvorgabe für Synthetiker – als das große Vorbild, an dem die Effizienz eines künstlichen Katalysators gemessen wird. Künstliche oder neuartige Enzyme kann man auf beiden Wegen herstellen. Will man von der Natur ausgehen, so kann man etwa durch «Protein Engineering» bestehenden Enzymen eine veränderte «unnatürliche» Substratspezifität anerziehen. Sucht man jedoch nach katalytischen Riesenmolekülen, die mit natürlichen Enzymen nichts gemein haben, so bieten sich im wesentlichen zwei unterschiedliche Prinzipien an:

7 Daniel E. Koshland, Jr. (geb. 1920), Professor für Biochemie und Molekularbiologie an der University of California in Berkeley, war 1985–1995 Chefredakteur der Zeitschrift *Science*.

1. Selektion der aktiven Komponenten aus einem großen Pool von geeigneten Ausgangsmaterialien, zum Beispiel Antikörpern oder Nukleinsäuremolekülen, und
2. Design, das heißt Synthese eines Katalysators nach Maß.

Ein bißchen Design ist natürlich auch bei der Gewinnung katalytischer Antikörper im Spiel. Um einen Antikörper selektieren zu können, der eine gegebene Reaktion katalysiert, muß man zunächst eine Verbindung entwerfen, die dem Übergangszustand der betreffenden Reaktion ähnelt. Gegen diese Verbindung wird ein Immunserum erzeugt, aus dem dann der Antikörper isoliert wird, der mit etwas Glück auch den Übergangszustand der zu katalysierenden Reaktion erkennt. In der Vergangenheit sind auf diese Weise bereits Antikörperenzyme für zahlreiche Reaktionen entwickelt worden, einschließlich solcher Reaktionen, für welche die Natur kein Enzym kennt, etwa die der Bildung von Sechsringen dienende 2,4-dipolare Cycloaddition (Diels-Alder-Reaktion). Ein weiterer spektakulärer Erfolg gelang den Anhängern dieser Forschungsrichtung 1994 mit der Erzeugung von Antikörpern, welche die Knüpfung der Peptidbindung katalysieren, durch die die Aminosäurebausteine in Proteinen miteinander verbunden sind. Nur sechs Wochen später erschien eine Arbeit, in der die Kristallstruktur eines Proteine abbauenden Antikörpers dargestellt wurde. Die strukturellen Details der Substratbindung zeigten verblüffende Ähnlichkeit mit den Bindungsstellen der sogenannten Serinproteasen, der am besten charakterisierten Familie proteolytischer Enzyme.

Noch nicht ganz so erfolgreich, aber dennoch aussichtsreich ist der Ansatz des Designs von «künstlichen Enzymen» mit den Mitteln der supramolekularen Chemie (*De-novo*-Design von Proteinen – beruhend auf der «Erfindung» neuer Aminosäuresequenzen – ist das Thema des folgenden Unterkapitels). Die jüngsten Fortschritte in der Wirt-Gast-Chemie haben hier gänzlich neue Perspektiven eröffnet. Beruhten frühe Arbeiten aus den achtziger Jahren hauptsächlich auf der Gastfreundlichkeit der Cyclodextrine (ringförmige Verbindungen aus sechs Molekülen des Zuckers Dextrose, in deren Mitte sich eine Art Bindungstasche für hydrophobe (wassermeidende) Verbindungen befindet), so hat die Verwendung von Porphyrinen als Bausteinen in synthetischen Riesenrädern völlig neue Bindungs- und Katalysewege ermöglicht. Porphyrine sind relativ große, stickstoffhaltige organische Ringverbindungen, die sich in der Natur zum Beispiel (mit einem Magnesiumion in der Mitte) im Blattfarbstoff Chlorophyll oder [mit einem Eisenion in der Mitte] im Blutfarbstoff Hämoglobin finden. Der Arbeitsgruppe von Jeremy Sanders in Cambridge gelang die Synthese eines Super-Rings, in dem drei Porphyrinringe mit je einem Zinkion in der Mitte über synthetische Verbindungsstücke miteinander verknüpft sind (Abbildung 23). Die Zinkionen können elektronenreiche Molekülteile wie etwa das Stickstoffatom in einem Pyridin binden. Sanders Gruppe fand, daß diese Erkennung zu der Beschleunigung einer Diels-Alder-Reaktion führen kann. Mehr noch, die unter normalen Reaktionsbedingungen vorherrschende «kinetische Kontrolle» (nicht das stabilere, sondern das schneller erreichbare Produkt wird gebildet), die zu der gebogenen «endo»-Variante des Produkts führt, konnte durch die Reaktionsbeschleunigung ausgeschaltet werden. In Anwesenheit des Triporphyrins entstand ausschließlich das aus Stabilitätsgründen bevorzugte, flachere «exo»-Produkt. Und da zu jedem guten Enzym auch ein Hemmstoff (Inhibitor) gehört, bauten Sanders Mitarbeiter eine Verbindung, die alle drei Zinkatome gleichzeitig mit je einem Pyridinring blockieren kann und auch tatsächlich das klassische Verhalten eines Inhibitors zeigt, der mit einem Substrat um die Bindungsstelle konkurriert. Ein kleiner Schönheitsfehler macht den Entdeckern aber noch zu schaffen – das künstliche «Enzym» will sein Reaktionsprodukt nach getaner Arbeit nicht wieder hergeben. Deshalb muß der Reaktionsbeschleuniger in diesem Fall nicht nur in katalytischen (d.h. sehr kleinen), sondern in stöchiometrischen (der Substratkonzentration äquivalenten) Mengen zugesetzt werden. Doch hier greift der prinzipielle Vorzug solcher synthetischer Systeme – was nach Plan gebaut ist, kann auch gezielt umgebaut werden, um die Bindungseigenschaften dem angestrebten Zweck anzupassen.

Anwendungsperspektiven für unnatürliche Katalysatoren mit der für Enzyme typischen Substratspezifität lassen sich überall dort vermuten, wo Enzyme entweder von der Natur nicht vorgesehen sind oder die Anwendungsbedingungen ein stabileres Molekül erfordern. So könnte zum Beispiel die Schwierigkeit, ein therapeutisches Enzym unbeschadet an den Zielort im Körper zu bringen oder einen biotechnischen Prozeß bei hohen Temperaturen jenseits der Stabilitätsgrenzen normaler Enzyme zu führen, auf diese Weise umgangen werden. In der organischen Synthese könnten neuartige Katalysatoren die gezielte Erzeugung nur einer der beiden zueinander spiegelbildlichen Strukturen von chiralen Verbindungen ermöglichen, was heute eine der Hauptschwierigkeiten bei der Naturstoffsynthese ist. Genau diese

Abbildung 23: Ein typisches Wirtsmolekül aus drei Porphyrinen, die über starre «Abstandshalter» verbunden sind, kann die Diels-Alder-Reaktion zwischen dem Dien und dem Dienophil beschleunigen und zu dem stabileren «exo»-Produkt lenken, während in Abwesenheit des Reaktionsbeschleunigers das schneller gebildete «endo»-Produkt im Gemisch mit dem exo-Produkt entsteht. Der Inhibitor (unten) blokkiert alle drei Zinkatome gleichzeitig und zeigt dasselbe Verhalten wie natürliche Enzyminhibitoren. Aus *Spektrum der Wissenschaft*, November 1994.

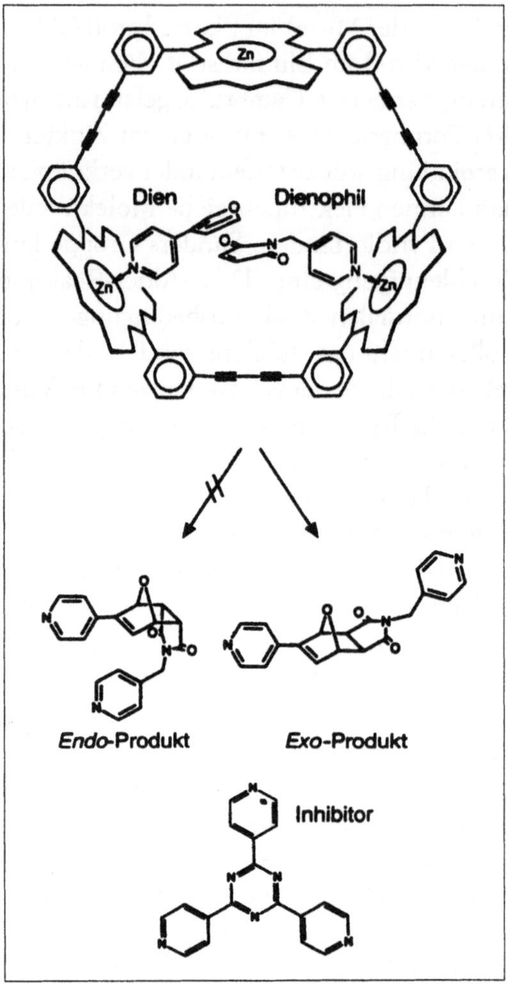

Zn
Dien
Dienophil
Zn
Zn
Endo-Produkt
Exo-Produkt
Inhibitor

bemerkenswerte Entdeckung, daß nämlich Enzyme Bild und Spiegelbild mit hundertprozentiger Genauigkeit unterscheiden können, wo Synthetiker um jeden einzelnen Prozentpunkt ringen, hatte Fischer vor hundert Jahren zu der Formulierung der Schlüssel-Schloß-Hypothese geführt.

Proteine nach Maß: *De-novo*-Design bringt erste Erfolge

Künstliche Proteine herzustellen sollte eigentlich kein Problem sein – weitestgehend automatisierte Peptid-Sythesizer können bis zu 50 Aminosäuren lange Peptide in guten Ausbeuten herstellen. Der Haken an der Sache liegt in dem folgenden Schritt, der Proteinfaltung. Wenn wir eine völlig neue Aminosäuresequenz vor uns sehen, können wir nicht vorhersagen, wie sich diese falten wird – oder ob sie überhaupt zu einer geordneten Struktur finden wird. Dieses «Faltungsproblem» hat bisher die Herstellung von synthetischen Proteinanalogen mit neuen Aminosäuresequenzen oder neuen Strukturen weitestgehend verhindert.

Es besteht andererseits ein erhebliches Interesse daran, dieses Hemmnis aufzuheben, etwa weil die natürlichen Proteine oft aus «historischen» Gründen komplizierter sind, als sie sein müßten, und ein kleines, für eine gegebene Aufgabe maßgeschneidertes Peptid durchaus (theoretisch) die optimale Lösung bieten könnte. Zudem erhofft man sich von kleinen, auf eine Funktion beschränkten Modellproteinen Hilfe zum Verständnis der entsprechenden Funktion in den hochkomplizierten natürlichen Systemen.

Deshalb haben sich seit den achtziger Jahren unerschrockene «Designer» darangemacht, Sequenzen zu entwerfen, mit dem Ziel, bestimmte einfache Strukturen auszubilden. Anfang der neunziger Jahre sind diese Designerpeptide schon fast zu richtigen kleinen Proteinen herangewachsen, so daß diese nun auch von Proteinbiochemikern ernst genommen werden.

Zu den Tricks, auf welche die Designer mangels eines aufgeklärten «Faltungscodes» zurückgreifen müssen, zählen die Verwendung kleiner Sequenzeinheiten («Module»), die dafür bekannt sind, relativ unabhängig von den Umgebungsbedingungen immer dieselbe Struktur auszubilden, der Einsatz von Baugerüsten (Templaten) sowie die Zuhilfenahme von Metallionen, deren Koordinationschemie bekannt ist und etwas Ordnung in die Aminosäurekette bringt.

Den letzteren Weg wählte die Arbeitsgruppe von Bill DeGrado, der als Pionier des *De-novo*-Designs gilt und den ganzen mühsamen Weg von einfachsten Strukturen bis zu den ersten interessanten künstlichen Proteinen gegangen ist. Vorläufiger Höhepunkt war die Anfang 1994 veröffentlichte Beschreibung eines 4-Helix-Proteins, das aus zwei Untereinheiten mit jeweils 62 Aminosäurebausteinen besteht und zusätzlich zwei Moleküle der sogenannten Hämgruppe bindet, wie sie zum Beispiel auch in dem Blutfarbstoff Hämoglobin und in dem Blattpigment Chlorophyll gefunden wird. Vorbild für dieses Designerprotein war das Cytochrom bc1, das ebenfalls zwei Hämgruppen enthält, deren sehr verschiedene elektrochemische Potentiale es dem Cytochrom ermöglichen, Ladungen über die für solche Vorgänge erhebliche Entfernung von 2 nm zu transportieren. Wie es zu dieser Eigenschaft kommt, ist noch nicht ganz verstanden, und das einfachere künstliche Modellprotein könnte sich bei der Aufklärung dieses Rätsels als nützlich erweisen.

Die Templatsynthese ist das Steckenpferd des aus Basel an die FU Berlin übergesiedelten Chemikers Manfred Mutter. Bleiben wir beim Beispiel eines 4-Helix-Bündels, so würde dieses nach Mutters Methode als TASP (templatassoziiertes synthetisches Protein) in der Weise hergestellt, daß jede der vier Helices mit einem Ende an einer festen Matrix verankert wäre.

In letzter Zeit (1994/95) sind eine ganze Reihe echter *De-novo*-Design-Proteine vorgestellt worden, die interessante Eigenschaften wie etwa spezifische Metallbindungsstellen oder Elektronentransfermöglichkeiten aufwiesen. Waren noch Ende der achtziger Jahre die über *De-novo*-Design zugänglichen Peptide von geradezu mitleiderregender Simplizität, so ist die Zunft der Designer jetzt in die Dimension der «richtigen» Proteine vorgestoßen, wo ihr sicherlich eine große Zukunft bevorsteht.

Dünne Schichten und kleine Teilchen

Der gesunde Menschenverstand ermöglicht uns mancherlei Prognosen über das Verhalten unserer physikalischen (makroskopischen) Umgebung. Viele Eigenschaften der Materie sind von der Menge unabhängig (ein Liter Wasser siedet bei derselben Temperatur wie zehn Liter). Meßgrößen, die von der Menge abhängen, folgen einfachen Proportionalitätsgesetzen (zwei Liter Wasser sind doppelt so schwer wie ein Liter). Ob ein Eisendraht dick oder dünn, kurz oder lang ist, ändert nichts an seiner Farbe, seinem Schmelzpunkt oder seiner Zerreißfestigkeit bezogen auf die Querschnittsfläche.

Solche auf Alltagserfahrungen beruhende Erwartungen erfüllen sich nicht mehr, wenn wir Materialien in Nanometerdimensionen betrachten. Dünne Schichten haben ihre eigene Physik, die von der Oberflächenspannung geprägt wird und sich zum Beispiel in Phänomenen wie Seifenblasen und Schaumbildung äußert. Und kleinste Halbleiterteilchen ändern mit der Größe sogar die Farbe.

Bei der Betrachtung makroskopische Substanzmengen gehen Wissenschaftler oft idealisierend davon aus, daß diese – verglichen mit dem atomaren Maßstab – unendlich groß sind. Die wenigen Atome die sich in der Nähe einer Oberfläche befinden, werden durch vereinfachende Annahmen wegidealisiert. Wenn jedoch die Schichten so dünn oder die Staubkörnchen so klein werden, daß praktisch alle oder die meisten Moleküle oder Atome in Oberflächennähe sind, führt dies zu interessanten und oft der Intuition widersprechenden Eigenschaften.

In den folgenden beiden Kapiteln soll zunächst ein Überblick über nano- und biotechnologische Anwendungen dünner Schichten gegeben werden, gefolgt von einer exotisch anmutenden Exkursion in die Welt der nanometergroßen Halbleiterteilchen.

Hauchdünne Flickenteppiche: Ein Stempeltrick führt die Nanotechnik in die Biowissenschaften ein

Gold läßt sich zu Folien auswalzen, die weniger als einen Mikrometer (tausendstel Millimeter) dick sind. Im Jahre 1911 beschloß Ernest Rutherford[8] eine solche Goldfolie mit α-Teilchen[9] und stellte fest, daß die meisten ungehindert hindurchgingen. Dieses klassische Experiment, einer der Grundpfeiler, auf denen das Weltbild der modernen Physik aufbaut, demonstrierte, daß im Atom gähnende Leere herrscht: Fast alle Masse ist in den Atomkernen konzentriert, die nur einen verschwindenden Bruchteil des Raums einnehmen.

Ebenso dünne Goldfolien stehen in neuerer Zeit wiederum im Mittelpunkt des Interesses, diesmal als Unterlage für noch dünnere Schichten. Gold ist relativ reaktionsträge und bei einer Schichtdicke von 200 Nanometern nicht besonders teuer und praktisch durchsichtig (d.h. auch für optischelektronische Bausteine verwendbar). Deshalb ist es, wie George Whitesides von der Harvard University fand, der ideale Untergrund, um darauf neuartige Oberflächen aus Kettenmolekülen aufzubauen, die wie die Wollfäden in einem Berberteppich parallel angeordnet und dicht gepackt sind. Man nennt diese «Teppiche» monomolekulare Schichten, weil sie gerade so dick sind, wie eines der Moleküle lang ist, das heißt etwa ein bis zwei Nanometer.

Goldrichtig lag Whitesides auch bei der Entscheidung, die organischen Moleküle über schwefelhaltige Thiolgruppen an das Edelmetall zu kuppeln. Diese stellten nicht nur die gewünschte Bindung her, sondern lösten auch Verunreinigungen von der Goldoberfläche ab, deren Ausschluß sonst die Anwendung extremer Reinheitsbedingungen erfordert hätte. Am anderen Ende der Fäden kann man beliebige chemische Strukturen anknüpfen und somit nanometerdicke Teppiche mit verschiedensten Oberflächeneigenschaften knüpfen.

Mehr noch, dank einer neu entwickelten Technik konnten die Forscher sozusagen gemusterte Nanoteppiche herstellen, indem sie die eine Sorte «Fäden» (einen für Proteine «klebrigen» Kohlenwasserstoff) mit einem im Mikromaßstab gefertigten gummiartigen Stempel auftrugen (Abbildung 24). Die hervorstehenden, quadratischen oder rechteckigen Bereiche des Stempels übertrugen eine monomolekulare Schicht auf die entsprechenden Teile der Metalloberfläche, während die dazwischenliegenden Bereiche zunächst

8 Ernest Lord Rutherford of Nelson (1871–1937), Professor in Montreal, Manchester und Cambridge, erhielt für seine Arbeiten zum Elementzerfall und die Chemie radioaktiver Stoffe 1908 den Nobelpreis für Chemie.

9 Atomkerne des Elements Helium, die bei radioaktiven Zerfällen freigesetzt werden.

leer blieben. Letztere wurden dann in einem zweiten Arbeitsgang mit einer ebenfalls monomolekularen Schicht einer abweisenden Substanz aufgefüllt.

Um die Wirksamkeit der proteinbindenden Inseln zu testen, strichen die Wissenschaftler lebende Zellen auf dem Flickenteppich aus, in der Erwartung, daß die in der Zellmembran enthaltenen Proteine sich an den richtigen Stellen festsetzten. Diese hielten sich so exakt an die für sie vorgesehenen Bereiche, daß die Zellen sogar die den klebrigen Flecken entsprechende quadratische oder rechteckige Form annahmen. Auf diese Weise können lebende Zellen an definierten Orten eines Rasters und in einer definierten Form in hoher Dichte, aber ohne einander zu berühren, gezüchtet und untersucht werden. Das bedeutet auch, daß die einzelnen Zellen wie die Häuser auf einem Stadtplan eine Adresse haben, so daß sie jederzeit lokalisiert und identifiziert werden können, zum Beispiel auch von automatischen Meßsystemen. Damit kann diese Methode gleich mehrere Bereiche der biomedizinischen Forschung revolutionieren, in denen die Reaktion von Zellen auf Veränderungen untersucht wird, etwa Screening-Verfahren für die Suche nach neuen Pharmaka, toxikologische Tests und gentechnische Methoden.

Dabei ist die Immobilisierung lebender Zellen, von Whitesides ursprünglich mit der Absicht betrieben, Zusammenhänge zwischen Form und Funktion von Zellen zu erforschen, nur eine von zahlreichen Anwendungen seiner «Stempeltechnik». Wie Stephen H. Edgington in einem Beitrag für die Zeitschrift *Bio/technology* unter der Überschrift «Die neuen Nanowerkzeuge der Biotechnologie» verheißt, macht die einfache Handhabung dieser Methode die Nanotechnologie mit Biomolekülen allen biochemischen Labors zugänglich. Für jede Sorte von biologisch interessanten Molekülen läßt sich eine spezifische Bindungsstelle entwerfen. In den USA gibt es sogar ein Institut, die «National Nanofabrication Facility», das Wissenschaftlern aller Disziplinen, die in Nanotechnologie unbeschlagen sind, bei der Entwicklung von Nanowerkzeugen für ihre jeweiligen Bedürfnisse hilft. Die Einrichtung, die bisher über 500 Projekten auf die Sprünge geholfen hat, befindet sich auf dem Campus der Cornell-Universität im Staat New York.

Als Irving Langmuir[10] und Katharine Blodgett in den dreißiger Jahren dieses Jahrhunderts erstmals die in flüssigen Systemen allgegenwärtigen

10 Irving Langmuir (1881–1957) erhielt für seine Arbeiten zur Grenzflächen-Adsorption 1932 den Nobelpreis für Chemie.

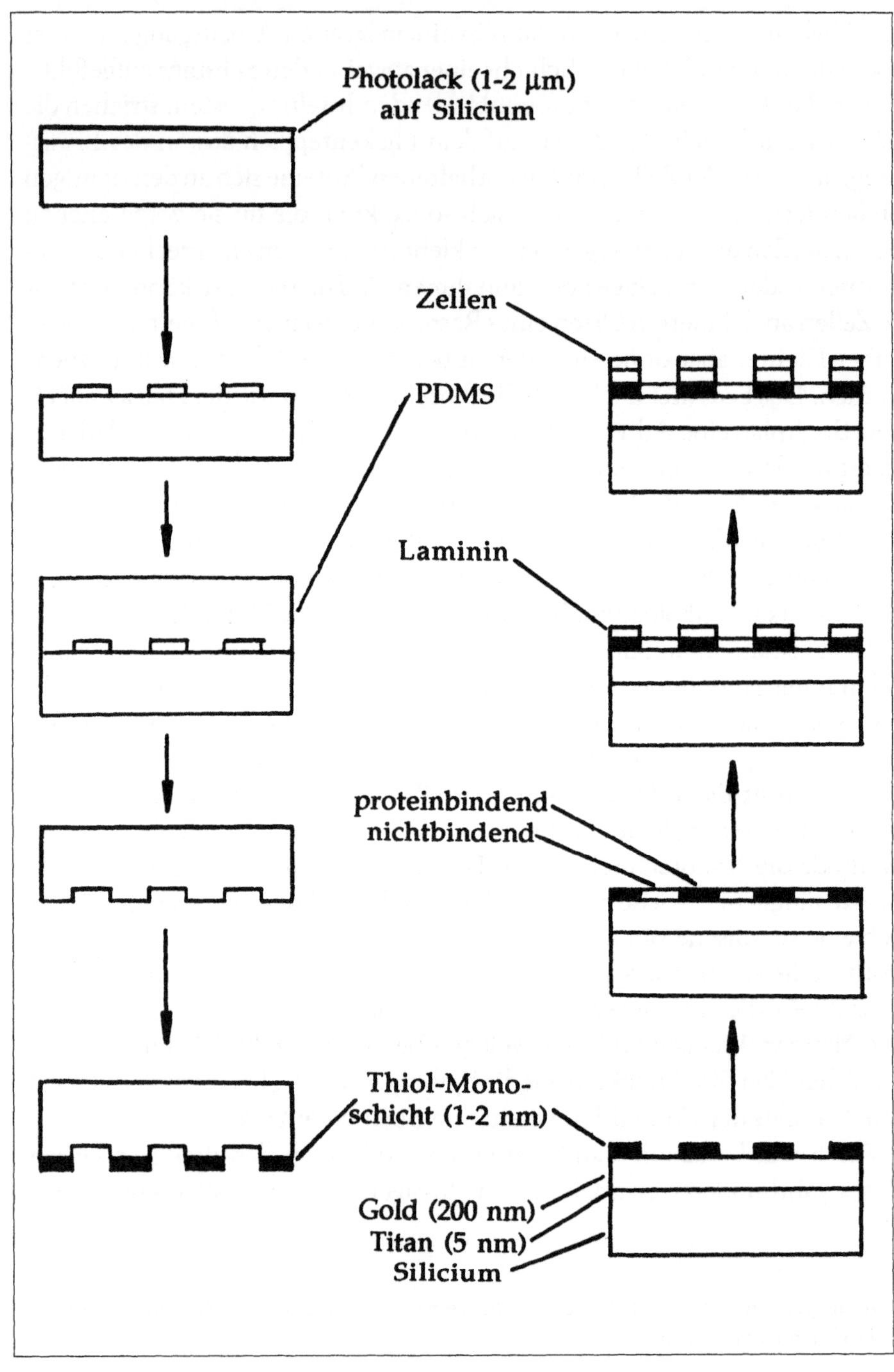
Photolack (1-2 µm)
auf Silicium
Zellen
PDMS
Laminin
proteinbindend
nichtbindend
Thiol-Mono-
schicht (1-2 nm)
Gold (200 nm)
Titan (5 nm)
Silicium

Abbildung 24: Herstellung einer monomolekularen Schicht mit einem Muster aus proteinbindenden und proteinabweisenden Bereichen mittels der von Whitesides entwickelten Stempeltechnik. Ein Negativ des gewünschten Musters wird durch Photolithographie, ein «klassisches» Verfahren der Mikroelektronik, erzeugt. Dabei wird eine mit einem Photolack bezogene Siliciumoberfläche durch eine Maske, die das gewünschte Muster erzeugt, belichtet und der Photolack an den belichteten Stellen abgelöst. Dieses Negativ dient dann als Gießform bei der Fertigung des eigentlichen Stempels aus Polydimethylsiloxan (PDMS). Haben die Biowissenschaftler diesen Stempel erst einmal in Zusammenarbeit mit Fachleuten der Nanotechnik, etwa an der «National Nanofabrication Facility», hergestellt, so können sie ihn ohne besonderen Aufwand in ihrem eigenen Labor beliebig oft mit den gewünschten Molekülen «anfärben» und den Stempelaufdruck dann auf die dünne Goldschicht aufbringen. In dem angesprochenen Beispiel wird eine monomolekulare Schicht eines Thioalkohols mit dem PDMS-Stempel auf die Goldunterlage aufgebracht. Die verbleibenden Zwischenräume werden mit einer proteinabweisenden Substanz (einem mit Polyäthylenglykol gekoppelten Thioalkohol) aufgefüllt. Setzt man eine so erhaltene Oberfläche nun einem extrazellulären Matrixprotein, Laminin, aus, so werden nur die bindenden Bereiche mit dem Protein beschichtet. Bringt man dann Leberzellen der Ratte auf diesen Flickenteppich auf, so binden die Zellen exakt an die durch den Stempelaufdruck festgelegten proteinhaltigen Bereiche und werden in ihrer äußeren Form auch durch die Geometrie dieser Bindungsstellen festgelegt.

dünnen Oberflächenfilme (die z.B. die Schaumbildung in Bier und Badewasser bewirken) auf feste Substrate übertrugen, wußte man damit noch nichts Rechtes anzufangen. Das hat sich in den vergangenen Jahren radikal geändert – die dünnen Schichten, im Englischen als «Langmuir-Blodgett films» bezeichnet, wenn sie von Flüssigkeitsoberflächen auf feste Substrate übertragen werden, sind im Kommen. Das kommt nicht nur daher, daß die physikalisch orientierte Nanotechnik Anwendungsmöglichkeiten aufgezeigt hat, denen die chemisch varierbare «weiche» Nanotechnik der dünnen Schichten oft besser gerecht wird. Ein weiterer Grund für den Boom liegt darin, daß die Methoden zur Charakterisierung solcher Materialien, zum Beispiel Rasterkraftmikroskopie (AFM, engl. *atomic force microscopy*, s. auch S. 166f.), inzwischen so fortgeschritten sind, daß auch kleinste Fehler in der Struktur entdeckt werden können.

Inzwischen beschäftigen sich etliche Arbeitsgruppen damit, monomolekulare Schichten von biologisch aktiven oder chemisch interessanten Substanzen auf einen festen Untergrund aufzubringen. Ebenso wie Whitesides nutzt James K. Whitesell von der University of Texas in Austin die Bindung von Thiolgruppen an Goldoberflächen zu diesem Zweck. Seine Arbeitsgruppe bringt auf diese Weise Peptide in eine dichtgepackte Schicht parallel ausgerichteter schraubenartig gewundener Moleküle (Helices). Sind die Peptid-Helices verschieden lang, so kann man sie mit geeigneten Enzymen auf eine einheitliche Länge stutzen und erhält eine dichte und glatte Oberfläche aus organischen Makromolekülen – sozusagen mit dem molekularen Rasenmäher. Auch hier verspricht die Variabilität der Peptidchemie eine Vielfalt von neuartigen «pseudobiologischen» Oberflächen.

Doch es werden nicht nur «weiche» Materialien auf «harte» aufgebracht, auch der umgekehrte Fall findet Interesse. Keramikbeschichtete Kunststoffe, wenn man sie denn herstellen könnte, fänden ein weites Anwendungsspektrum von leichten, abnutzungsresistenten Maschinenteilen über Sensoren und magnetische Speichermedien bis zu völlig neuen «intelligenten» Werkstoffen. Da die gängigen Verfahren zur Herstellung keramischer Beschichtungen hohe Temperaturen (800°C) erfordern, welche die meisten Kunststoffe nicht aushalten, scheint diese Aufgabe unmöglich zu sein. Doch eine Arbeitsgruppe der Firma Battelle in Richland im Staate Washington hat der Natur über die Schulter geguckt, um herauszufinden, wie es Organismen – bei der Bildung von Knochen und Zähnen sowie Muschel- und Eierschalen – fertigbringen, harte, mineralische Beschichtungen auf empfindliches organisches Material aufzubringen, ohne hohe Temperaturen oder irgendwelche aggressiven Bedingungen. Wie die Arbeitsgruppe 1994 in *Science* berichtete, enthalten die biologischen Membranen, die der Biomineralisation als Untergrund dienen, spezielle funktionelle Gruppen, die bewirken, daß die Kristallisation der anorganischen Komponente aus der übersättigten Lösung auch tatsächlich auf der Oberfläche stattfindet, und nicht etwa an beliebigen Stellen in der Lösung. Bringt man diese Molekülteile, etwa eine Sulfonsäuregruppe, an Kunststoffoberflächen (z.B. Polystyrol oder Polycarbonat) an, so kann man den Mechanismus der Biomineralisation nachahmen und auf diesem biomimetischen Wege keramische Beschichtungen bei Temperaturen unter 100°C auf Kunststoffe aufbringen. Die biomimetische Erzeugung dünner Keramikschichten hat auch in anderen Bereichen Vorteile gegenüber herkömmlichen Verfahren. Eine ihrer möglichen Anwendungen ist wahrhaft biomimetisch: Knochenimplantate aus porösem Titan können auf diese Weise mit einer dünnen Schicht eines Kalziumphosphats bezogen werden, das als Vorläufer zur Bildung des Knochenminerals Apatit dient, ohne daß die Poren, welche für das «Zusammenwachsen» mit dem echten Knochen wichtig sind, verstopft werden.

Peptide auf Gold, Keramik auf Kunststoff – die enge Verbindung dünner Schichten von organischen mit anorganischen, biologischen mit metallischen Materialien ist schon beinahe ein Sinnbild dafür, wie in der Nanowelt die Disziplinen zusammenwachsen. Biologen verwenden Nanotechnik, Elektronikbausteine enthalten Biomoleküle, moderne Werkstoffe verbinden die Beständigkeit des (anorganischen) Granits mit der chemischen Variabilität organischer Synthese und den zweckoptimierten Struktureigenschaften der Biomoleküle. Und zwischen all diesen dünnen Schichten dürfte sich für die technische Anwendung auch noch die eine oder andere Goldader finden.

Teilst du mich, dann verfärb' ich mich: Q-Teilchen sind anders als normale Materialien

Zerteilt man ein rotes Staubkorn, so erhält man zwei rote Partikelchen – sollte man meinen. Bei Q-Teilchen ist das anders. Diese wenige Nanometer großen Partikeln aus Halbleitermaterial können je nach ihrer Größe schwarz, braun, rot oder gelb sein. Das «Q» weist darauf hin, daß hier quantenmechanische Effekte im Spiel sind.

Um diesen verblüffenden Farbeffekt und weitere merkwürdige Eigenschaften der Q-Teilchen zu verstehen, muß man zunächst wissen, was ein Halbleitermaterial von anderen – leitenden oder nichtleitenden – Werkstoffen unterscheidet.

Halbleiter zeichnen sich dadurch aus, daß von den beiden Energiezuständen, in denen Elektronen sich aufhalten können, derjenige mit der geringeren Energie, das sogenannte Valenzband, vollbesetzt ist, während der höherenergetische («angeregte») Zustand, das Leitungsband, leer bleibt (Abbildung 25). Sie werden erst dann leitend, wenn durch eine Anregungsenergie (z.B. Licht, Wärme oder elektromagnetische Felder) Elektronen über die Bandlücke hinweg in das Leitungsband befördert werden. Geschieht die Anregung durch Licht, so wird dieses dabei absorbiert (ausgelöscht), und zwar ausschließlich bei einer Wellenlänge, die der Energiedifferenz, das heißt der «Breite» der Bandlücke zugeordnet ist. Diese selektive Absorption bestimmter Lichtwellenlängen ist verantwortlich für die Farbig-

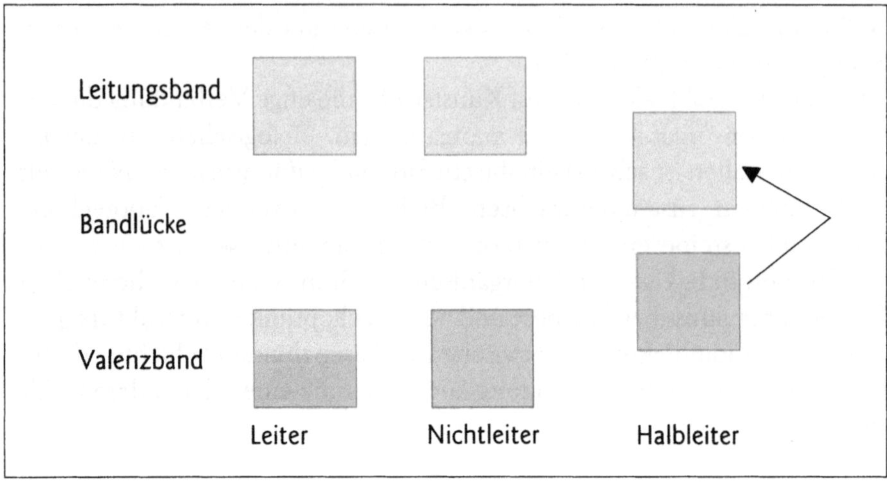

Abbildung 25: Energieniveaus in einem Metall (links), Nichtmetall (Mitte) und Halbleiter (rechts). Der Halbleiter ist im Grundzustand nichtleitend, da, ebenso wie beim Nichtmetall, das Leitungsband völlig leer und das Valenzband voll ist. Allerdings ist der Abstand zwischen den beiden Energieniveaus (Bandlücke) in diesem Fall so gering, daß Elektronen energetisch angeregt, also aus dem Valenzband in das Leitungsband befördert werden können. Durch diesen Vorgang wird der Halbleiter leitend.

keit solcher Materialien – wir sehen die Farbe des übrigbleibenden, nicht absorbierten Lichtes.

Q-Teilchen stellen nun ein Mittelding zwischen dem für atomare Maßstäbe unendlich ausgedehnten Halbleitermaterial und einem aus wenigen Atomen bestehenden Molekül dar. Diese Übergangsstellung äußert sich darin, daß die Größe der Bandlücke – normalerweise eine Materialeigenschaft – mit abnehmender Partikelgröße zunimmt. Darauf sind sowohl der Farbeffekt als auch die interessanten elektronischen Eigenschaften von Q-Teilchen aus Halbleitermaterial zurückzuführen.

Wie stellt man nun solche Teilchen her? Cadmiumsulfid, bekannt aus den Belichtungsmessern von anno dazumal, kann in Form von wenige Nanometer großen Partikeln aus einer schwach alkalischen Lösung von Cadmiumionen mit Schwefelwasserstoff gefällt werden. Die Präparation ist weder schwierig noch zeitaufwendig, allerdings kann die Partikelgröße auf veränderte Versuchsbedingungen empfindlich reagieren.

Physiker gehen auf völlig andere Weise an die Untersuchung der Quanteneffekte kleinster Teilchen heran. Sie nutzen die neuentwickelten Methoden der Nanotechnik, um auf Halbleiterchips nanometergroße Bereiche durch Wegätzen des umgebenden Materials oder durch elektrische Felder einzugrenzen. Diese sogenannten Quantenpunkte (engl. *quantum dots*) lassen sich dann zu elektronischen Schaltelementen ausbauen. Durch geschicktes Anlegen sehr kleiner Spannungen kann man aus ihnen auch «künstliche Atome» erzeugen. Wenn man nämlich ein negativ geladenes Elektron vom Valenz- in das Leitungsband befördert, verbleibt im Valenzband ein positiv geladenes Loch, und man erhält ein Ladungspaar, das gewisse Ähnlichkeiten mit einem Atom (positiv geladener Atomkern, negativ geladene Elektronenhülle) hat. Die künstlichen Atome haben den Vorteil, daß man die Zahl der sich gegenüberstehenden Ladungen frei wählen kann, man kann also an einem einzigen Modellsystem Untersuchungen quer durch das Periodensystem der Elemente durchführen. An den künstlichen Atomen lassen sich theoretische Vorhersagen der Quantenmechanik überprüfen. So kann ein einzelnes Elektron in einem eng umgrenzten Raum beobachtet werden, ein experimentelles Beispiel für ein grundlegendes quantenmechanisches Modell, das «Teilchen im Kasten».

Ein drittes Gebiet, das neben der Kolloidchemie und der Halbleiterphysik sich mit solchen Mini-Teilchen befaßt, ist die Clusterchemie. Metalle zeigen Größenquantisierungseffekte erst bei noch kleineren Dimensionen als Halbleiter. Deshalb sind Komplexe aus einigen Dutzend Metallatomen, die sogenannten Cluster, in direktem Zusammenhang mit den Q-Teilchen zu sehen. Anfang 1993 wurde zum Beispiel ein Goldcluster aus 55 Atomen vorgestellt, der die Eigenschaften eines Q-Teilchens besitzt. Es zeichnet sich ab, daß die drei Gebiete, die sich seit ca. zehn Jahren unabhängig voneinander mit ähnlichen Problemen beschäftigt haben, jetzt endlich zusammenwachsen.

Vereinte Kräfte aus allen drei Forschungsgebieten werden nötig sein, wenn die schillernde Materie einer sinnvollen Anwendung zugeführt werden soll. Obwohl die Q-Teilchen bisher noch weitgehend eine Domäne der Grundlagenforschung sind, kann man sich bereits vielfältige Verwendungsmöglichkeiten vorstellen. Zum Beispiel könnte man bessere Solarzellen (die heute verfügbaren nutzen nur einen minimalen Anteil der einfallenden Sonnenenergie) herstellen, indem man eine poröse Oberfläche mit einer dünnen Schicht dieser Materialien versieht. Über die Partikelgröße könnte man die Lichtabsorptionseigenschaften dieser Sonnenkollektoren genau auf die Eigenschaften des Sonnenlichts einstellen und dieses besser ausnutzen. Auf denselben Zweck zielen Versuche, die Spaltung des Wassers mit Hilfe der durch Lichtabsorption aktivierten Q-Teilchen zu bewerkstelligen. Könnte man die durch Licht bewirkte Ladungstrennung im Halbleiter so kanalisieren, daß die positive Ladung den Sauerstoff des Wassermoleküls zu molekularem Sauerstoff (O_2) oxidiert, während die negative Ladung den Wasserstoff reduziert, so ließe sich Sonnenenergie in Form der getrennten Gase Sauerstoff und Wasserstoff beliebig speichern und transportieren.

Im Bereich der Chemie könnte der ungewöhnlich hohe Anteil von oberflächennahem Material in Q-Teilchen für die Katalyse (Reaktionsbeschleunigung) genutzt werden. So erprobt man zum Beispiel schon die katalytische Abwasserreinigung mit Titandioxid-Teilchen, die auch in dieser Größe liegen.

Das größte Potential dieser Materialien liegt jedoch in der Elektronik und in der Photoelektronik. Mit Halbleiter-Q-Teilchen kann man nicht nur selektiv Licht einer bestimmten Wellenlänge in Strom umwandeln, sondern auch umgekehrt durch Anlegen einer Spannung die Partikel zum Leuchten bringen. Man wird also bei der physikalischen Anwendung sicherlich den Umstand nutzen, daß man mit Q-Teilchen einzelne Elektronen und Photonen «handhaben» kann – so spricht man schon von dem Ein-Elektron-Transistor und von optischen Schaltern, doch diese Schaltelemente, die vielleicht in den Supercomputern von morgen Verwendung finden, sind heute noch Zukunftsmusik.

Biotechnologie

Die älteste, bis ins vorchristliche Jahrtausend zurückreichende Technologie im Nanometermaßstab ist die Biotechnologie. Seit den Anfängen der Back- und Braukunst in vorgeschichtlicher Zeit haben Menschen sowohl lebende Zellen (Hefen in Teig und alkoholischer Gärung, Bakterien in Joghurtkulturen) als auch einzelne Enzyme («Lab» bei der Quarkbereitung) für ihre Zwecke eingesetzt – auch wenn sie vor Pasteur nicht ahnten, was bei diesen Prozessen wirklich vorging. In unserem Jahrhundert hat sich das Spektrum der Anwendung biotechnologischer Verfahren ausgeweitet und schließt nun neben lebensmitteltechnologischen Anwendungen auch die Herstellung von Arzneimitteln und Pestiziden sowie die gentechnische Veränderung von Organismen ein.

Bei all der Mühsal, welche das Vordringen in die Nanowelt den Ingenieuren dieser Zukunftstechnologie bereitet, liegt natürlich der Gedanke nahe, sich die Umstände zu sparen und gleich auf die Nanotechnik der Natur zurückzugreifen und sie für die angestrebten Zwecke einzuspannen. Dieser biotechnische Ansatz ist heute noch sehr viel stärker vertreten als rein nanotechnologische Unternehmungen und wird mittelfristig für diese der stärkste Konkurrent bleiben. Oft jedoch, wie oben am Beispiel der von G. Whitesides entwickelten «Stempeltechnik» demonstriert, verschmelzen Bio- und Nanotechnik zu einer Einheit, deren Produkt leistungsfähiger ist als jede der Technologien für sich.

Gentechnik macht, wie wir sehen werden, das Unmögliche möglich – zum Beispiel blaue Rosen –, hat aber auch ihre Grenzen. Ihre Methoden, etwa das weiter unten vorgestellte Verfahren, die Herstellung eines Genprodukts mit Hilfe eines grün fluoreszierenden Proteins zu verfolgen, überlappen sich oft mit nicht-biologischer Nanotechnik. Ein Protein, welches ohne Zusatz anderer Hilfsmittel (sichtbares) Licht einer bestimmten Wellenlänge in Licht einer anderen Wellenlänge umwandelt, ist ein Geschenk nicht nur für Gentechniker, sondern auch für die Nanotechnologen. Ebenfalls auf einer interdisziplinären Grenzlinie, nämlich zwischen physikalischer Chemie und Biotechnik, bewegen sich die letzten beiden Unterkapitel dieses Teils, in denen die Verwendung hoher Drücke bzw. des Glasübergangs bei tiefen Temperaturen diskutiert wird. Natürlich sind die nächsten fünf Expeditionen nur Stichproben aus dem weitgefächerten Spektrum der Verfahren und

Anwendungsmöglichkeiten der Biotechnologie. Eine umfassende oder auch nur repräsentative Darstellung würde ein eigenes Buch erfordern.

Das falsche Produkt: Lesefehler bei der gentechnischen Herstellung von Proteinen sind schwer zu vermeiden

Daß man mit Methoden der Gentechnik heute Bakterien dazu bringen kann, «authentische» menschliche Proteine, etwa das für Diabetiker lebenswichtige Insulin S. 53ff., herzustellen, beruht zuallererst darauf, daß der genetische Code universell gültig ist: In Darmbakterien ebenso wie in menschlichen Zellen, in Schimmelpilzen ebenso wie in Rosenblüten bedeutet die Abfolge der Nukleotidbasen Guanin-Guanin-Adenin (GGA), daß in das Proteinprodukt die Aminosäure Glycin eingebaut werden soll (Abbildung 26). Doch – keine Regel ohne Ausnahme – in den letzten Jahren häuften sich experimentelle Belege dafür, daß der Code doch nicht so allgemein gültig ist, wie man jahrzehntelang angenommen hatte. Wie Manuel Santos und Mick Tuite von der University of Kent in Canterbury 1993 in einem Übersichtsartikel in der Fachzeitschrift *Trends in Biotechnology* warnten, ist mit einer erhöhten Häufigkeit von Lesefehlern vor allem dann zu rechnen, wenn genetische Information aus einem Eukaryonten (Tiere, Pflanzen etc.) in ein Bakterium eingeschleust wird – eine Hiobsbotschaft für Gentechniker.

Eine der Fehlermöglichkeiten rührt daher, daß in dem universellen Code verschiedene Dreibuchstabenwörter (Codons) für ein und dieselbe Aminosäure stehen können, daß aber verschiedene Arten von Lebewesen unterschiedliche Vorlieben bei der Verwendung austauschbarer Codons entwickelt haben. Besonders drastisch sind diese Unterschiede zwischen den Urreichen, das heißt zum Beispiel auch zwischen Tieren und Pflanzen einerseits und Bakterien andererseits.

Was passiert nun, wenn ein menschliches Gen in einem Bakterium abgelesen werden soll? Beide verwenden zwar denselben «universellen» genetischen Code, aber die Häufigkeit der Codons ist verschieden. Ein Codon, das in dem eingeschleusten Gen häufig vorkommt, kann für die Wirtszelle exotisch sein – sie ist nicht darauf eingerichtet, jene Moleküle, die genau dieses Codon spezifisch erkennen und die ihm entsprechende Aminosäure zum Einbau bereithalten (Aminoacyl-tRNA), in der nötigen

erste Nukleotid-base	zweite Nukleotidbase				dritte Nukleotid-base
	Uracil	Cytosin	Adenin	Guanin	
Uracil	Phenylalanin	Serin	Tyrosin	Cystein	Uracil
	Phenylalanin	Serin	Tyrosin	Cystein	Cytosin
	Leucin	Serin	Stop	Stop	Adenin
	Leucin	Serin	Stop	Tryptophan	Guanin
Cytosin	Leucin	Prolin	Histidin	Arginin	Uracil
	Leucin	Prolin	Histidin	Arginin	Cytosin
	Leucin	Prolin	Glutamin	Arginin	Adenin
	Leucin	Prolin	Glutamin	Arginin	Guanin
Adenin	Isoleucin	Threonin	Asparagin	Serin	Uracil
	Isoleucin	Threonin	Asparagin	Serin	Cytosin
	Isoleucin	Threonin	Lysin	Arginin	Adenin
	Methionin	Threonin	Lysin	Arginin	Guanin
Guanin	Valin	Alanin	Asparaginsre.	Glycin	Uracil
	Valin	Alanin	Asparaginsre.	Glycin	Cytosin
	Valin	Alanin	Glutaminsre.	Glycin	Adenin
	Valin	Alanin	Glutaminsre	Glycin	Guanin

Abbildung 26: Der genetische Code ist insofern nicht eindeutig, als mehrere Basentripletts für dieselbe Aminosäure codieren können. Wenn ein Triplett zum Beispiel mit CG anfängt, ist die dritte Stelle völlig egal – alle vier CG-Codons codieren für Arginin.

Anzahl zur Verfügung zu stellen. Das Ribosom, die Proteinsynthesemaschine der Zelle, kann den Engpaß auf zweierlei Art umgehen. Entweder es baut eine falsche Aminosäure ein und fährt dann richtig in der Sequenz fort – oder es kann auf der Boten-RNA eine Base vor- oder zurückrutschen und dadurch ein anderes Triplett lesen, welches sich mit dem richtigen Codon um zwei Nukleotidbausteine überlappt – diesen Vorgang nennt man Leserahmenverschiebung. Der letztere Fehler ist gravierender, weil das Ribosom in der Folge die Leserahmenverschiebung beibehält und lauter falsche Codons abliest, während der erstere die Eigenschaften des Produkts weniger beeinflußt, aber auch schwieriger zu entdecken ist.

Neben diesen unbeabsichtigten Fehlern, die sich bei gentechnischer Herstellung von Proteinen in Fremdorganismen an solchen «hungrigen Codons» häufen können, gibt es auch planmäßige Abweichungen vom vermeintlich universellen genetischen Code, die nur in bestimmten Zellen oder Organismen auftreten und dort für die Synthese des korrekten Proteinprodukts nötig sind. Das prominenteste Beispiel ist die Codierung der seltenen Aminosäure Selenocystein durch ein Codon, das normalerweise als Stopsignal dient. Ebenso wie die zufälligen Fehler können diese programmierten Abweichungen von den allgemeinen Regeln zu fehlerhaften Produkten führen, wenn gentechnisch veränderte Zellen ein Fremdprotein herstellen sollen.

Abhilfe ist bei einigen dieser Probleme leicht, wenn man den Fehler identifizieren kann. Entdeckt man einen häufig vorkommenden Lesefehler an einem hungrigen Codon, so kann man dieses «sättigen», indem man die entsprechende Aminosäure dem Wachstumsmedium zusetzt. Schwieriger ist es, Fehler auszuschließen, die mit einer Häufigkeit von unter einem Prozent vorkommen. Die gängigen Reinigungs- und Analysetechniken können solche Verunreinigungen oft nicht entdecken, obwohl diese – in therapeutisch verwendeten Proteinen – durchaus Nebenwirkungen, zum Beispiel eine Immunantwort, auslösen können. Nur wenige Methoden sind bislang geeignet, kleine Anteile einer falsch eingebauten Aminosäure aufzuspüren, darunter die modernsten Varianten der Massenspektrometrie, der Flüssigchromatographie und der Sequenzanalyse im Mikromaßstab. Diese Methoden werden zwar in vielen Forschungslabors verwendet, kommen aber noch nicht routinemäßig in der Produktkontrolle für Pharmazeutika zum Einsatz. Manuel Santos und Mick Tuite fordern deshalb, Routinetests mit den modernsten Techniken für alle gentechnisch hergestellten Pharmaproteine einzuführen.

Eine Alternative, die diese Probleme umgehen hilft, bietet sich möglicherweise in einer Erfindung des russischen Biochemikers Alexander Spirin: Seine Arbeitsgruppe am Institut für Proteinforschung in Puschtschino bei Moskau entwickelte einen zellfreien Proteinbioreaktor, mit dessen Hilfe die genetische Information in Abwesenheit lebender Zellen zu Proteinen umgesetzt werden kann. Lediglich die dazu nötigen Zellkomponenten wie Ribosomen, tRNAs etc. werden in den Reaktor gegeben und mit der Boten-RNA und den Aminosäurebausteinen gefüttert. Wie Spirin bereits 1988 in *Science* ausführte, kann mit dieser Technik eine zellfreie Proteinsynthese über 20 Stunden aufrecht erhalten werden, und es können pro eingesetztem Molekül Boten-RNA einige hundert Moleküle hochreinen Produkts erzeugt werden. Ein Vorteil dieser zellfreien Methode gegenüber der gentechnischen ist der, daß der Proteinbioreaktor nur eine Proteinart herstellt, während die in der Gentechnik verwendeten Bakterien neben der erwünschten Substanz noch einige tausend andere Proteine und andere Makromoleküle herstellen, von denen erstere in aufwendigen Reinigungsprozeduren getrennt werden muß. Des weiteren können die Komponenten in einem solchen Bioreaktor natürlich dem herzustellenden Protein angepaßt werden – ein menschliches Protein könnte etwa von Säugetier-Ribosomen hergestellt werden, die den unseren hinreichend ähnlich sind, um Probleme mit der Codonverwendung und die daraus resultierende Heterogenität des Produkts ausschließen zu können. Schließlich kann man mit dieser Methode auch Proteinprodukte herstellen, die in der lebenden Zelle nicht stabil oder für diese giftig wären.

In einer 1993 vorgelegten Studie der Deutschen Gesellschaft für Chemisches Apparatewesen (Dechema), auf deren Empfehlungen ein Förderprogramm «Biotechnologie 2000» des Bundesforschungsministeriums aufgebaut werden soll, wird die russische Erfindung als eine vielversprechende Innovation gewürdigt, deren Ausbau zum industriellen Maßstab im Rahmen des Projekts geprüft werden soll. Sollte die zellfreie Methode sich durchsetzen, dann würde im Reagenzglas und in den Proteinreaktoren der biotechnischen Industrie der universelle genetische Code noch ein bißchen weitergelten.

Die Jagd nach der blauen Rose: Zwei Gentech-Firmen wollen «blue genes» zur neuesten Mode machen

Rote Rosen gelten als Sinnbild für Liebe und Hochzeit, weiße Rosen für Entsagung und Tod – beide Sorten und die dazwischenliegenden Rosatöne sind so alt wie die Kulturgeschichte des Abendlands. Neue Farben auf der Palette der Natur erreichten Europa erst Anfang des 19. Jahrhunderts, als gelbe Rosen aus dem Fernen Osten eingeführt wurden. Seitdem hat der Kreuzungs- und Züchtungseifer der Rosenfans an die 50000 Sorten in nahezu allen Farben des Regenbogens, einschließlich Grün und Violett, hervorgebracht, mit einer Ausnahme: Es gibt bis heute keine blauen Rosen. Auch Rosensorten, welche die Bezeichnung Blau im Namen tragen, etwa «Veilchenblau», sind allenfalls veilchenlila, aber bei weitem nicht kornblumenblau.

Nachdem Tausende von Pigmentstoffen aus den Blütenblättern verschiedenster Rosensorten isoliert und charakterisiert worden sind und man auch die zu ihrer Synthese notwendigen Enzyme und die an der Farbwirkung mitbeteiligten physiologischen Bedingungen kennt, dämmert den Farbenforschern die Erkenntnis, daß man blaue Rosen nicht züchten kann. Allen bekannten Rosenarten fehlt ein bestimmtes Enzym, um den Biosyntheseweg von dem Pigmentgrundstoff Dihydrokaempferol über das rote Cyanidin-3-glucosid zu einem blauen Farbstoff, dem Delphinidin-3-glucosid, umzuleiten (Abbildung 27), wie Timothy A. Holton und Yoshikazu Tanaka 1994 in der Fachzeitschrift *Trends in Biotechnology* berichteten. Einen Ausweg bieten lediglich «blaue Gene». Die Abschnitte des Erbmaterials DNA, die in Petunien für dieses den Rosen fehlende Enzym verantwortlich sind, konnten isoliert werden und in Petunien, denen das Blau durch Mutation abhanden gekommen war, transferiert werden. Nach allem, was bisher bekannt ist, sollte eine Übertragung der «blauen Gene» auf Rosen möglich sein und hier ebenfalls zu blauen Blütenblättern führen. Eventuell müßten allerdings zur Feinabstimmung der Farbe weitere Manipulationen ausgeführt werden, um den pH-Wert des Pflanzensafts so zu justieren, daß die gewünschte Farbe auftritt.

Mit Blick auf den Milliarden Dollar schweren Weltmarkt für Schnittblumen, wo Neuigkeitswert ein wichtiges Verkaufsargument ist, haben die Firmen Calgene Pacific in Australien und Suntory in Japan, denen die Autoren des obengenannten Artikels angehören, die gentechnische Erzeugung blauer Rosen gemeinsam in Angriff genommen. Akzeptanzfragen kommen den Biotechnikern gar nicht in den Sinn – sie rechnen mit einem «erheblichen kommerziellen Interesse, insbesondere in Japan». Auch hierzulande mag der Vorbehalt gegen genmanipulierte Pflanzen geringer sein, wenn sie nicht zum Verzehr bestimmt sind, obwohl der Präzedenzfall der Genpetunien, deren falsche Farbe seinerzeit im Freilandversuch ausblich, die Schnittblumenkundschaft mißtrauisch machen sollte.

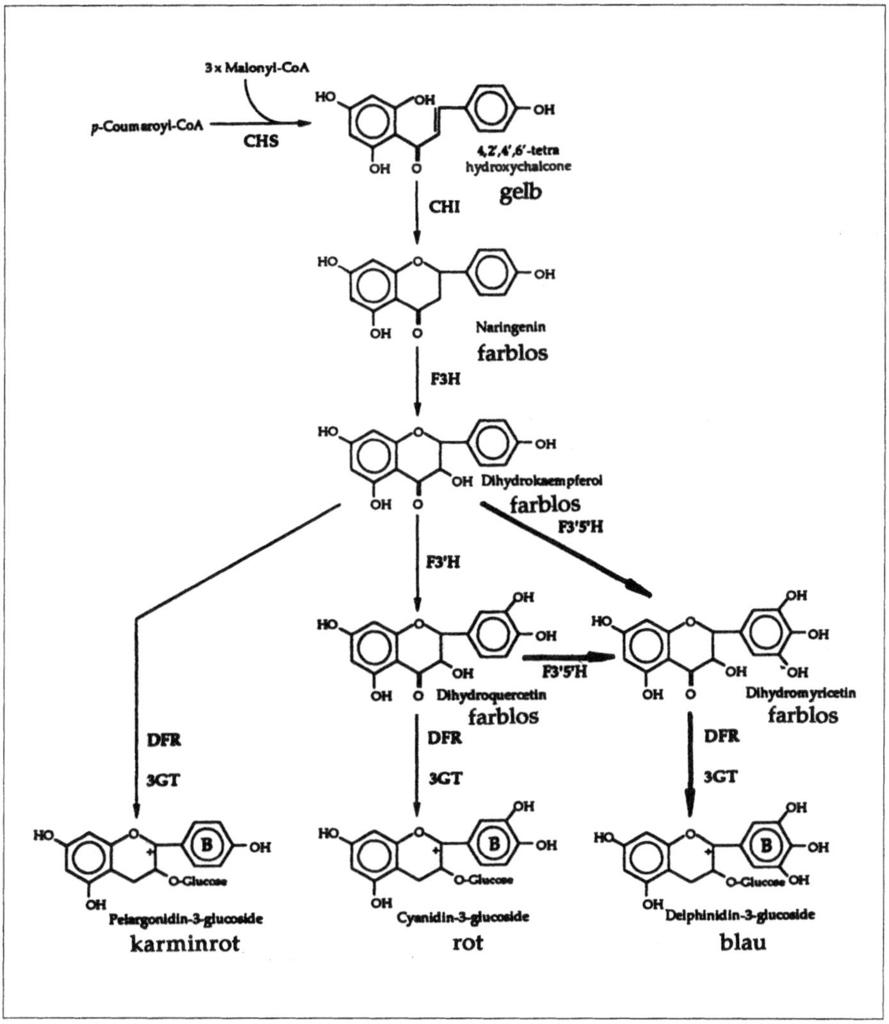

Abbildung 27: Biosyntheseweg der Anthocyanin-Farbstoffe. Die dicker gezeichneten Pfeile stellen die «Umleitung» dar, die letztendlich zu blauen Rosen führen soll. Nach Holton und Tanaka (1994).

Das Grüne Leuchten: Ein grünfluoreszierendes Protein erleichtert die Untersuchung der Genexpression

Biolumineszenz – das Phänomen, daß Lebewesen aus Stoffwechselenergie Licht erzeugen können – ist nicht nur in Glühwürmchen anzutreffen. Auch manche Quallen- und Fischarten haben unabhängig voneinander ihr eigenes Beleuchtungssystem entwickelt. Und das charakteristische grüne Leuchten der Qualle *Aequorea victoria* erstrahlt in letzter Zeit immer häufiger in molekularbiologisch ausgerichteten Labors.

Daß gerade das Lumineszenz-System dieser glibberigen Tiere so nützlich ist, hängt damit zusammen, daß hier die Aufnahme des chemischen Signals und die Abgabe des grünen Lichts von verschiedenen Bestandteilen des Systems ausgeführt werden. Für den ersten Schritt ist ein Protein namens Aequorin zuständig, das auf ein durch Kalziumionen übertragenes Signal hin Licht aussendet. Dieses Licht ist allerdings im Reagenzglasversuch blau. In der Qualle wird das blaue Licht von einem weiteren Protein absorbiert, welches dann grünes Licht emittiert – das Grünfluoreszierende Protein, GFP. Letzteres benötigt für seine Lichtemission nichts weiter als die Einstrahlung von blauem oder ultraviolettem Licht. Es funktioniert deshalb auch außerhalb der Quallenzellen, ja sogar dann, wenn es auf gentechnischem Wege in anderen Zellen hergestellt wurde und nie eine *Aequorea victoria* von innen gesehen hat.

Aus dieser bemerkenswerten Eigenschaft ergibt sich eine Anwendungsmöglichkeit, die Anfang 1994 vorgeschlagen und schon bald darauf in zahlreichen Labors praktiziert wurde. Will man ein Gen in einen anderen Organismus einschleusen, so daß dieser das darauf codierte Protein herstellt, so kann man einfach das Gen für GFP als Sonde mit dem interessierenden Gen koppeln. Nach der Transferreaktion hält man die Agarplatten mit den kultivierten Zellen unter eine UV-Lampe, die in jedem molekularbiologischen Labor vorhanden ist. Wenn die Zellen grün leuchten, war der Gentransfer erfolgreich. Manche der früheren Verfahren benutzten zwar auch Lichtreaktionen, etwa das Leuchtprotein der Glühwürmchen, Luciferase. Diese waren aber stets auf die Zufuhr von zusätzlichen Substanzen durch die Zellmembran angewiesen und daher nicht universell anwendbar.

Es ist jedoch nicht ganz klar, warum GFP grün leuchtet. Der für die Fluoreszenz verantwortliche Molekülteil (das Chromophor) wird in einer

Abfolge von nur drei Aminosäuren vermutet, zwischen denen sich durch eine ungewöhnliche chemische Reaktion das normalerweise geradlinige Rückgrat der Aminosäurekette zu einem fünfgliedrigen Ring schließt (Abbildung 28). Da die Fluoreszenz auch auftritt, wenn das Protein in Fremdorganismen exprimiert wurde, müssen die zur Ausbildung des Chromophors benötigten chemischen Reaktionen von dem Protein selbst katalysiert werden. Allenfalls können Substanzen, die in allen Zellen vorhanden sind (etwa energieliefernde Nukleotide, Aminosäuren etc.), mit dazu beitragen. Da jedoch zumindest ein Teil des Geheimnisses in der Aminosäuresequenz des Proteins verborgen sein muß, können Mutationsstudien hier sicherlich zur Aufklärung dieses Phänomens beitragen.

Mutationen werden allerdings auch mit dem Ziel durchgeführt, GFP noch vielseitiger und nützlicher zu machen. Verschiedene Arbeitsgruppen haben versucht, durch Mutation vor allem der Aminosäuren in der Umgebung des Chromophors die spektroskopischen Eigenschaften des Proteins zu verändern. Zum Beispiel ist das natürliche Protein im Licht nicht beliebig lange stabil. Insbesondere die energiereiche Nah-UV-Strahlung, die es in großem Maße absorbiert und die vergleichsweise wirksamer in der Auslösung des Fluoreszenzlichts ist, wird ihm auf die Dauer zum Verhängnis. Ein verändertes Anregungsspektrum könnte deshalb die Lebensdauer und Anwendbarkeit des Proteins verbessern.

Zwei kalifornische Teams konnten Ende 1994 erste Erfolge vermelden. Die Gruppe von Douglas C. Youvan am Palo Alto Institut für molekulare Medizin präsentiert in der Fachzeitschrift *Bio/technology* Varianten des Proteins, deren Anregungswellenlänge nach Rot verschoben ist. Roger Tsien und seine Mitarbeiter an der Universität von Kalifornien in San Diego fanden ebenfalls Mutanten, die bevorzugt von langwelligerem Licht angeregt werden. In einer weiteren Arbeit konnten sie zeigen, daß auch die Farbe des emittierten Lichts variiert werden kann, etwa von grün nach blau. Diese Varianten des GFP ermöglichen die gleichzeitige Messung der Genexpression verschiedener transferierter Gene mit einem einfachen Fluoreszenz-Spektrometer, das verschiedene Anregungs- und Aussendungswellenlängen nacheinander abfragen kann. Sind die Leuchtmarker einmal mit den eigentlich interessierenden Genen gekoppelt, kann man natürlich auch die Wirkung von Pharmaka, Hormonen oder Giftstoffen auf die Expression der betreffenden Gene untersuchen. Da die GFP-Fluoreszenz auch die Behandlung mit Formaldehyd überlebt, die man zur «Fixierung» von Zellen oder

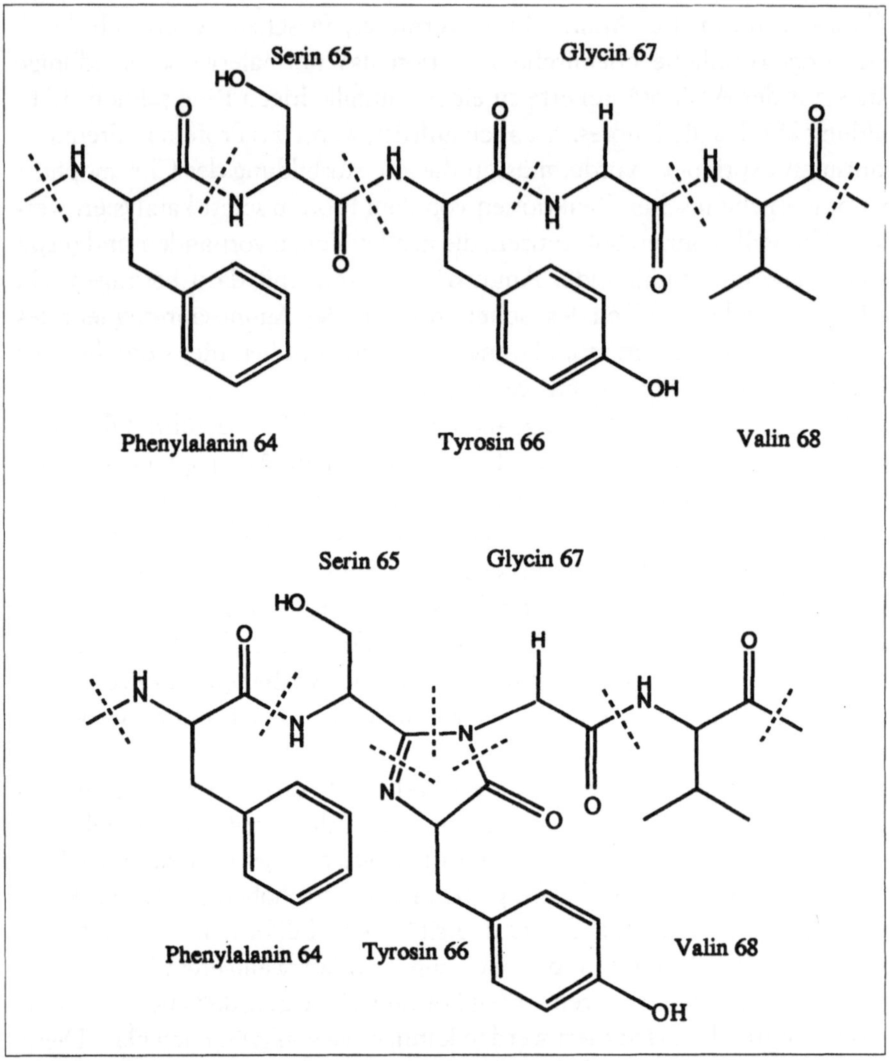

Abbildung 28: Chemische Struktur der Aminosäurebausteine, die das Chromophor des GFP bilden. Oben: «Normale» offenkettige Struktur; unten: Ringstruktur im GFP-Chromophor.

Geweben üblicherweise verwendet, sind diese Methoden auch auf fixiertes Zellmaterial anwendbar. Und schließlich könnte man auch die Energieaufnahme bei der Absorption des blauen Lichts durch GFP dazu benutzen, diejenigen Zellen, in denen das mit GFP gekoppelte Gen aktiv ist, mit einem Laserstrahl der entsprechenden Wellenlänge selektiv abzutöten.

Besonders bemerkenswert ist, daß sich diese noch kaum überschaubare Fülle von Anwendungsmöglichkeiten – die sich sehr wohl über den Bereich der Forschung hinaus auch auf Alltagsprodukte erstrecken könnten – aus Untersuchungen ergab, die ursprünglich als reine Grundlagenforschung der Frage nachgingen, wie eine Qualle es fertigbringt, grün zu leuchten.

Das hartgedrückte Frühstücksei: Hochdruckbehandlung von Lebensmitteln ist in vielen Bereichen den thermischen Verfahren überlegen

Das Frühstücksei des dritten Jahrtausends wird vielleicht nicht mehr ein gekochtes, sondern ein gedrücktes Ei sein. Die Pioniere der Hochdruckbehandlung von Lebensmitteln jedenfalls schwören auf die Vorzüge einer solchen Speise. Wie der japanische Biochemiker Rikimaru Hayashi im September 1992 anläßlich einer Tagung zum Thema «Hochdruck und Biotechnologie» in La Grande Motte (Südfrankreich) ausführte, enthält ein durch Behandlung mit einigen tausend Atmosphären Druck festgewordenes Ei im Gegensatz zu dem gekochten Pendant keine unnatürlichen Aminosäuren, hat keinen schwefligen Beigeschmack und enthält alle im rohen Ei vorkommenden Vitamine in der ursprünglichen Menge.

Neben der Koagulation der Proteine, auf der dieser Effekt beruht, hat der Druck auch weitere nützliche Auswirkungen, etwa die Abtötung von Mikroorganismen (d.h. Haltbarmachung der Lebensmittel), die Gelatinierung (Ausbildung eines geleeartigen Zustands) von Stärke oder die Inaktivierung von Enzymen, die während der Lagerungs- oder Verarbeitungszeit der Lebensmittel unerwünschte Reaktionen fördern könnten. Physikalisch-chemisch erklären sich alle diese Effekte dadurch, daß der Druck die schwachen Wechselwirkungen, die die löslichen und biologisch aktiven Strukturen der Biomoleküle stabilisieren, stört und diese so in einen unlöslichen und/oder inaktiven Zustand versetzt.

Die gelatinierende und gleichzeitig sterilisierende Wirkung hoher Drücke läßt sich bei der Marmeladenfabrikation nutzen. In Japan sind seit April 1990 drei verschiedene Sorten Hochdruck-Marmelade (Erdbeer-, Kiwi- und Apfelmarmelade) auf dem Markt, die ohne jegliche Hitzebehandlung hergestellt werden. Farbe und Geschmack dieser Marmeladen entsprechen hundertprozentig dem unbehandelten Obst. Es folgte die Einführung eines dank der Druckbehandlung weniger bitteren Grapefruitsafts und eines durch Druck länger haltbaren Mandarinensafts. Weitere Lebensmittel, deren Verarbeitung oder Haltbarmachung durch Druck in Japan derzeit erprobt oder bereits angewendet wird, sind etwa: Zitrussäfte, Fleisch- und Fischprodukte, Milch und Milchprodukte, frisches Gemüse, Teegetränke, Kaffee ...

In Europa hingegen gibt es auf diesem Gebiet noch Nachholbedarf. Zu den wenigen Forschern, die in Deutschland die Möglichkeiten der Druckanwendung in der Lebensmitteltechnik untersuchen, gehört Dietrich Knorr, Professor für Lebensmitteltechnologie an der Technischen Universität Berlin. Seine Arbeitsgruppe betrachtet den Einfluß hoher hydrostatischer Drükke auf Lebensmitteleigenschaften wie etwa Schaumbildung, Gelatinierung, Textureigenschaften und Enzymaktivitäten, insbesondere auch im Hinblick auf die mögliche industrielle Anwendung. Er hat auch schon frühzeitig die Impulse aus Japan aufgenommen und – nach eigenem Bekunden – «eigens einen Doktoranden mit Japanischkenntnissen eingestellt», der die Originalarbeiten aus dem Fernen Osten übersetzen mußte.

Dabei steht auch hierzulande der technischen Realisierung der Hochdruck-Lebensmittelverarbeitung eigentlich nicht viel im Wege. Hohe Drükke werden bereits in verschiedensten Industriezweigen seit Jahrzehnten gehandhabt, etwa in der Glas-, Keramik- und Kunststoffindustrie. Das vorhandene Know-how müßte lediglich die spezifischen Anforderungen der Lebensmitteltechnologie übertragen werden.

Deshalb gibt es auch kaum Bedenken bezüglich der Betriebssicherheit der Hochdruck-Lebensmitteltechnik. Wie Bart Mertens von der belgischen Firma FMC Corporation, die solche Verfahren für den europäischen Markt entwickelt, ausführt, sind «die Analysen der Materialbelastung in langjähriger Erfahrung ständig verbessert worden», so daß die Hochdruckapparaturen heute als «vollkommen sicher» gelten. Zumal da es sich um hydrostatische Drücke, also ausschließlich um komprimierte Flüssigkeiten handelt, diese sich im Gegensatz zu Gasen bei Entlastung nur sehr wenig ausdehnen und die Energiemengen, die bei plötzlicher Entlastung freiwerden, sehr gering sind.

Ungewißheit besteht vor allem in dem Punkt, ob die VerbraucherInnen die neuen Produkte auch annehmen würden. Man setzt dabei auf das Argument, daß der Druck schonender mit den Vitaminen umgeht als eine

Hitzebehandlung. «Nebenwirkungen» sind nicht zu befürchten, da der Druck im Gegensatz zur Temperaturbehandlung keine chemischen Veränderungen auslöst. Deshalb ist das Hochdruck-Apfelgelee (fast) ebenso gesund wie der unbehandelte Apfel.

Dornröschenschlaf im Glaszustand: Neue Wege zur Langzeithaltbarkeit von Biopräparaten

Erbsen, Bohnen und Brokkoli kann man im tiefgefrorenen Zustand monatelang aufbewahren. Die Vitamine, so hört man, bleiben auf diese Weise besser erhalten, als wenn man das Gemüse in Konservendosen preßt. Doch wer das Gefrierverfahren mit Salatgurken oder Erdbeeren versucht, wird mit aller Deutlichkeit daran erinnert, daß Einfrieren doch nicht immer glimpflich für biologisches Material abläuft. Bei der Bildung der Eiskristalle werden die Zellwände beschädigt, und das Pflanzengewebe kann das Wasser nicht mehr halten, es wird demzufolge schlaff.

Haltbarkeitsprobleme stellen sich auch im Pharmabereich, auch wenn man den feinsäuberlich einzeln eingeschweißten Pillen oder versiegelten Ampullen nicht ansieht, daß auch sie empfindliche Biopräparate (z.B. Proteine wie Insulin, Interleukine etc.) enthalten können. Um eine Gefährdung durch verdorbene Ware auszuschließen, sollten zumindest diejenigen Medikamente, die der Patient mit nach Hause nimmt und ohne ärztliche Aufsicht anwendet, bei Raumtemperatur lagerbar und nahezu unbegrenzt haltbar sein. Biologische Präparate in wäßriger Lösung erfüllen diese Anforderung nicht – man muß der Mixtur Wasser entziehen, um sie haltbar zu machen. Auch hier hat man sich bisher oft einer Frostbehandlung bedient, nämlich der Gefriertrocknung. Bei diesem Verfahren wird der Wassergehalt einer Lösung tiefgefroren und dann mit einer Hochvakuumpumpe direkt aus dem Eiszustand verdampft (sublimiert). Zurück bleibt eine staubtrokkene, poröse Masse – das bekannteste Beispiel ist Instantkaffee. Die Annahme, diese Methode sei für biologische Materialien die schonendste, beruht auf der Binsenweisheit, daß chemische Reaktionen bei niedrigerer Temperatur langsamer ablaufen.

Doch diese Hoffnung könnte sich im Falle der Gefriertrocknung als trügerisch erweisen. Nach Erkenntnissen von Felix Franks, dem Direktor der «biopreservation division» der Firma Pafra in Cambridge, England, kann die durch den radikalen Wasserentzug erhöhte Konzentration gelöster Stoffe unerwünschte chemische Reaktionen trotz der tiefen Temperaturen wieder in Schwung bringen. Hinzu kommt, daß der pH-Wert einer Lösung sich in ungünstigen Fällen um bis zu vier Einheiten verschieben könnte – genug, um das Protein außer Gefecht zu setzen. Auch die Bildung kleiner und unregelmäßiger Kristalle kann bei diesem Verfahren ein Problem werden – die gestörten Kristallstrukturen sind besonders anfällig für «Materialermüdung».

Den Ausweg sieht Franks in Flüssigkeiten, die unter ihren Erstarrungspunkt abgekühlt sind, ohne dabei die geordnete Struktur der festen Phase anzunehmen. Das prominenteste Beispiel ist Glas, doch man bezeichnet solche unterkühlte Schmelzen auch allgemein als Gläser, wenn sie aus völlig anderen Materialien sind. Die extrem hohe Viskosität («Zähigkeit») von Werkstoffen im Glaszustand hat auch zur Folge, daß chemische Reaktionen, die das Material angreifen könnten, extrem langsam ablaufen. Auch die Bildung des «richtigen» Feststoffs in Gestalt kleiner Kristalle, an deren Grenzen das Material dann brüchig ist, dauert nahezu ewig – Trübung durch Kristallisation kann man etwa an Trinkgläsern aus der Römerzeit beobachten. Um die wäßrige Lösung eines biologischen Wirkstoffs in den Glaszustand zu überführen, dampft man diese so lange schonend ein, bis sie sich in einen Sirup verwandelt, der dann zu einem Glas aushärtet. Der Zusatz von Kohlenhydraten kann dabei sowohl die Proteine stabilisieren als auch das Erreichen des Glaszustands vereinfachen (man denke etwa an sirupöse Zuckerprodukte wie Honig). Als erste haben denn auch Lebensmittelhersteller den neuen Weg beschritten: Backfertige Teigmischungen können so präpariert werden, daß sie erst 20 Grad oberhalb der normalen Lagertemperatur aus dem Dornröschenschlaf im Glaszustand erwachen. Und auch bei der Herstellung von Speiseeis muß man die Kristallisation unterbinden, um ein cremiges und kein knirschendes Produkt zu erhalten.

Über die Nutzungsmöglichkeit im Bereich der Pharmaproteine liegen allerdings noch keine umfassenden Untersuchungen vor. Doch Hinweise darauf, daß auch die Natur sich des Glaszustands bedient, um Pflanzensamen und Insektenlarven haltbar und frostresistent zu machen, stimmen Franks optimistisch. Die Pharmaka der nächsten Generation, darunter viele gentechnisch gewonnene Proteine, werden, so seine Prognose, auch in neuen Darreichungsformen kommen – als Bio-Gläser.

IV. Große Zukunft für kleine Maschinen?

Welche Zutaten braucht man für eine technologische Revolution?

Unsere Streifzüge durch die Nanowelt haben uns einen Eindruck davon vermittelt, was die Nanosysteme der lebenden Zelle leisten können und welche Erfolge und Begrenzungen Wissenschaftler erfahren, wenn sie versuchen, die Funktionsweise dieser Maschinerie zu verstehen oder gar zu imitieren. Aufbau und Wirkungsweise vieler «einfacher» Proteine sind weitestgehend aufgeklärt. Insbesondere die Wirkungsmechanismen von Enzymen, die Makromoleküle abbauen (Proteinasen, Nukleasen, Lysozym), sowie der Sauerstofftransporter Hämoglobin und Myoglobin gehören heute zum Lehrbuch- und Prüfungsstoff für Studierende der Biochemie.

Die «konstruktive Seite» hingegen, die Erforschung der molekularen Maschinerie, die den Aufbau der zellulären Strukturen und Funktions-einheiten erledigt, ist noch nicht so weit fortgeschritten. Unklar sind bis heute die molekularen Einzelheiten der Funktionsweise des Ribosoms, der Proteinfabrik der Zelle, ebenso ungelöst ist die «zweite Hälfte des genetischen Codes», das Problem der Proteinfaltung. Mechanisch wirkende molekulare Maschinen, wie etwa die Muskelfasern, geben Stück für Stück ihr Geheimnis preis, doch alles in allem betrachtet verstehen wir nur einen kleinen Teil der Vorgänge, die in lebenden Zellen ablaufen.

Es ist sogar zu befürchten, daß die Teilinformation, die wir besitzen, nicht repräsentativ für das Ganze ist. Zum Beispiel beziehen sich alle bekannten Proteinstrukturen auf Proteine, die entweder kristallisierbar sind oder ein Molekulargewicht von weniger als 25 Kilodalton haben – das sind nämlich die Beschränkungen, denen die beiden einzigen verfügbaren Methoden zur hochaufgelösten Strukturbestimmung (NMR und Röntgenkristallographie) unterliegen. Es ist nicht auszuschließen, daß es etwa in großen Proteinen noch unentdeckte Strukturprinzipien gibt, welche die Kristallisation der betreffenden Proteine erschweren.

Dieses einerseits ermutigende (wir haben in letzter Zeit enorm viel gelernt), andererseits ernüchternde (wir verstehen immer noch nur einen winzigen Bruchteil dessen, was das Leben ausmacht) Wissen um den Erkenntnisstand (und die Grenzen) bei der Erforschung der biologischen Nanosysteme ist nützlich für die Bewertung der Prognosen für eine «nanotechnologische Revolution», wie sie von einigen Propheten verbreitet werden. Maschinen, die – ähnlich wie ein Enzym, aber steuerbar – einzelne Moleküle, ja sogar Atome, handhaben und gezielt zusammenfügen können, sollen in den ersten Jahrzehnten des kommenden Jahrhunderts einer Erdbevölkerung von mehr als zehn Milliarden Menschen heute unvorstellbaren Reichtum bringen, der die «Grenzen des Wachstums» weit hinter sich und unsere heutigen High-Tech-Produkte wie Steinzeitwerkzeuge aussehen lassen wird. Das sind jedenfalls die Vorstellungen, die der an der Universität Stanford lehrende Theoretiker K. Eric Drexler in Büchern, Aufsätzen und Vorlesungsreihen predigt.

Bevor wir uns jedoch auf Spekulationen einlassen, ob und in welchem Ausmaß die Nanotechnologie eine technische Revolution auslösen wird, wollen wir einen Blick zurück werfen, auf vergangene Revolutionen.

Man weiß nicht genau, auf welchem Wege Johannes Gensfleisch, besser bekannt unter dem Namen seines Hauses «zum Gutenberg»[1], von der Idee des Buchdrucks mit beweglichen Lettern zu einer funktionierenden Technologie gelangte. Jedenfalls kostete die Entwicklung des Verfahrens ihn einige Jahre Arbeit und wäre wohl ohne ein solides Grundwissen der Metallverarbeitung zum Scheitern verurteilt gewesen. Sobald die neue Technik jedoch funktionierte, löste sie eine Revolution in der Informationsverbreitung aus. Man schätzt, daß in den fünfzig Jahren nach der Fertigstellung seiner ersten Bibel (1455) mehr Bücher hergestellt wurden als in den tausend Jahren davor. Und erst über fünfhundert Jahre später verdrängte der Lichtsatz die Gutenbergschen Bleilettern aus dem Druckereibetrieb, und eine neue Informationsrevolution – die der Computer – begann, die Informationstechnologie ebenso tiefgreifend zu verändern wie seinerzeit die erste Druckerpresse.

Natürlich ging die Wirkung des Buchdrucks weit über die Produktivitätssteigerungen hinaus. Daß schriftliche Informationen für breite Bevölkerungsschichten erschwinglich und zugänglich wurden, hatte weitreichende Folgen für Bildung, Wirtschaft und Wissenschaft, die man wohl kaum zu hoch bewerten kann.

1 Johannes Gutenberg (ca. 1397–1468) beschäftigte sich ab 1436 mit dem Problem des Buchdrucks und schloß ca. 1455 den Druck der 42zeiligen Bibel («Gutenberg-Bibel») ab, die noch in 47 Exemplaren erhalten ist.

Wie der Buchdruck haben auch die Dampfmaschine, das Fließband und der PC Umwälzungen im Alltagsleben vieler Menschen ausgelöst, die sich als technologische Revolution beschreiben ließen. Nicht qualifiziert sind hingegen Erfindungen, die nur nützlich, aber nicht umwälzend sind (Büroklammer), die nur eine graduelle Verbesserung bestehender Technologie darstellen (Diesel- gegenüber Dampflokomotive) oder die Mehrzahl der Bevölkerung nicht erreichen, weil sie sich auf dem Markt nicht durchsetzen (Wankelmotor).

Ob allerdings eine revolutionäre Erfindung auch eine technologische Revolution auslöst, weiß man meistens erst hinterher. Verallgemeinerungen in der Technikgeschichte oder Vorhersagen über die Auswirkungen neuer Technologien sind nahezu unmöglich, und manch ein ansonsten kluger Kopf hat sich bei dem Versuch unsterblich blamiert.

Drei Zutaten aber haben in der Vergangenheit das Potential gehabt, Umwälzungen auszulösen: die Zugänglichkeit neuer/besserer Werkstoffe, die Entwicklung besserer Fertigungstechniken und, insbesondere in neuerer Zeit, die Miniaturisierung.

Werkstoffe

Steinzeit, Bronzezeit, Eisenzeit – die Frühgeschichte der Technik wird nach den jeweils aktuellen Werkstoffen katalogisiert, wobei Tierknochen und Holz, beide schon vor der Altsteinzeit verwendet, wohl nicht als «epochemachend» betrachtet werden. Der Fortschritt ist innerhalb dieser Reihe insofern erkennbar, als die ersten Werkstoffe einfach der Natur entnommen wurden, während die Metalle Bronze und Eisen aus Erzen hüttentechnisch gewonnen werden mußten, dafür aber den Vorteil der Gieß- und Schmiedbarkeit aufwiesen. Setzt man diese Überlegung bis in die Gegenwart fort – die vermutlich in der Kunststoffzeit anzusiedeln ist –, so werden die Metalle zusehends von Werkstoffen verdrängt, die nicht der Natur entnommen und nicht chemisch aus Naturstoffen gewonnen, sondern synthetisch aus einfachen Molekülen aufgebaut werden, etwa Polyäthylen aus Äthylen. Gegenüber den Metallen haben die Kunststoffe den Vorteil, daß ihre Eigenschaften durch chemische Modifikationen über ein weites Spektrum variierbar sind.

Natürlich sind Kunststoffe noch nicht die Krone der Schöpfung. Sie erfüllen bei weitem nicht alle Anforderungen, die wir an einen Werkstoff stellen können. Ihre Herstellung verbraucht begrenzte Rohstoffressourcen und Energie, und ihre massenhafte Verwendung zur Herstellung von Einwegartikeln hat uns erhebliche Umweltprobleme beschert, da sie nicht so gut biologisch abbaubar sind wie etwa Papier oder Holz und nicht so leicht rezyklierbar wie etwa Eisen.

Gemeinsam haben Stein, Metall und Plastik, daß sie meistens in makroskopischen (Gramm bis Tonnen) Mengen auftreten und daß gewöhnlich ihr Aufbau im Nanometermaßstab einheitlich ist oder allenfalls statistisch verteilte Strukturmuster enthält. Aus unserer Nano-Perspektive ist auch ein kleines Körnchen Kunststoffgranulat ein Massenprodukt. Und selbst wenn die Polymerchemiker die Farbe, Elastizität und Hitzeresistenz ihrer Kunststoffkörnchen genau festlegen können – im Vergleich zu der vergleichbaren Menge biologischen Materials ist dieses Stück Materie erschreckend dumm. Es enthält keine nennenswerte Menge an Information und kann keine «intelligente» Funktion selbständig ausführen.

Vielleicht um zu verschleiern, daß die Eisenzeit bis in unser Jahrhundert andauerte und erst vor wenigen Jahrzehnten in die Kunststoffzeit überging, kommt man bei der jüngeren Geschichte von dieser Einteilungsweise ab und orientiert sich an Fertigungsmethoden (z.B. Buchdruck, Industriezeitalter).

Fertigungstechniken

Um aus Werkstoffen gebrauchsfähige Produkte zu machen, muß man sie bearbeiten – mit den Händen, mit Schneid- oder Bohrwerkzeugen (seit der Steinzeit), durch Schmelzen, Gießen, Schmieden. Verbinden mehrerer Teile ergibt kompliziertere Produkte und damit auch leistungsfähigere Werkzeuge, bis hin zu den mechanischen Maschinen und den Dampfmaschinen der Industriellen Revolution. Neue Werkstoffe bringen neue Verarbeitungsmöglichkeiten mit sich. Metalle kann man gießen, Steine nicht. Kunststoffe kann man aufschäumen, Metalle nicht. Darüber hinaus führen neue Werkstoffe auch wieder zu neuen Werkzeugen, die wiederum das Spektrum der Fertigungstechniken erweitern. Und Fertigungstechniken können wiederum neue Rohstoffe zugänglich oder nutzbar machen. Diese zyklische Verkettung von Ursachen und Wirkungen mag dazu beitragen, daß sich die Entwicklung der Technik oft wie eine chemische Reaktion, die ihren eigenen Katalysator hervorbringt, von selbst zu beschleunigen scheint.

War die Fertigung von Gebrauchsgegenständen über Jahrtausende hinweg «Handwerk» im wörtlichen Sinne, so sind wir heute daran gewöhnt, daß von den meisten Produkten zumindest Teile von Maschinen hergestellt werden. Allenfalls liegen Design, Endmontage und Qualitätskontrolle noch in den Händen von Menschen.

Eine wichtige Folge der Übernahme der Produktion durch Maschinen ist die, daß die Größenskala nicht mehr beschränkt ist auf die Bauteile, welche der Handwerker mit der Hand (oder der Pinzette) greifen kann. Die Mechanisierung der Produktion ebnet somit den Weg für die Miniaturisierung der Produkte.

Miniaturisierung

Die erste echte technische Revolution, die durch Miniaturisierung von Bauteilen hervorgerufen wurde, war und ist die Computer-Revolution, die wir in den vergangenen zwei Jahrzehnten erlebt haben und heute noch erleben. Bei elektronischen Bauteilen heißt kleiner zugleich auch schneller, effizienter, billiger. Speicherkapazität und Rechengeschwindigkeit wurden von Anfang der achtziger bis Anfang der neunziger Jahre vertausendfacht. Ein einzelnes elektronisches Schaltelement zu Speicherzwecken kostete in den fünfziger Jahren ca. zehn Dollar, heute weniger als ein hunderttausendstel Cent. Wer die Entwicklung der Computer in den achtziger und neunziger Jahren und ihren Einzug in nahezu alle Bereiche des wirtschaftlichen und gesellschaftlichen Lebens miterlebt hat, braucht keine Beispiele mehr dafür, wie sich die Miniaturisierung eines technischen Bauteils (hier vor allem die des Mikrochip) auf die Qualität der Endprodukte und auf das Alltagsleben auswirken kann.

Und dennoch fand diese Revolution für die Normalverbraucher unsichtbar statt, beruhte sie auf der Miniaturisierung winziger Schaltkreise und Elektronikbausteine, die mit bloßem Auge nicht erkennbar und für Laien kaum vorstellbar sind. Ihre Leistungen auf technischer Ebene, ausgedrückt in Gigabyte und Teraflop, sind abstrakt, und es ist aus den Leistungsdaten nicht ohne weiteres ersichtlich, daß diese Technik sich in kürzester Zeit in alle Unternehmen ausgebreitet hat und derzeit in allen Haushalten Einzug hält.

Noch abstrakter und in den Auswirkungen noch schwieriger abzuschätzen wird die Nanotechnologie sein, die, ausgehend von der technischen Kontrolle über einzelne Moleküle oder sogar Atome, zu molekularer Fertigung und Nanowerkstoffen führen soll. Sie wird möglicherweise hochkomplexe Systeme im Nanometermaßstab hervorbringen, viel komplexer als ein heutiger Computer – aber nicht komplexer als eine Pflanze oder ein Tier.

Molekulare Fertigung, intelligente Werkstoffe, Miniaturisierung bis an die Grenze des physikalisch Möglichen – eine Definition des Schlagworts «Nanotechnologie»

Wir neigen dazu – wie auch andere Generationen in der Vergangenheit –, die gegenwärtige Technik als fortgeschritten, modern und nur noch im Detail verbesserungsfähig zu empfinden und keinen Raum mehr für umwälzende technische Neuerungen zu sehen. Wer heute eine Berufslaufbahn beginnt oder ein Haus kauft, plant normalerweise nicht ein, daß Wohnen und Arbeiten in zwanzig oder dreißig Jahren von unseren heutigen Vorstellungen völlig verschieden sein könnten.

Doch um Veränderungspotential – und eine Richtung – für technische Verbesserungen wahrzunehmen, braucht man nur unsere Produktionsmethoden mit der molekularen Maschinerie der Natur zu vergleichen.

Produktionsmethoden unserer heutigen Industriegesellschaft beruhen auf

- makroskopischer Fertigung, bei der unzählige Atome oder Moleküle unspezifisch abgetrennt, angefügt oder zu chemischen Reaktionen veranlaßt werden,
- Werkstoffen, die in ihren Eigenschaften (in engen Grenzen) bestimmbar, aber nicht flexibel oder «intelligent» sind,
- Maschinen, die zwar einfache Vorgänge automatisch ausführen, aber überwiegend in der makroskopischen Welt operieren.

In der Zelle hingegen werden, wie wir oben bereits gesehen haben, selbst komplizierteste Zusammenhänge aus einfachen molekularen Bausteinen zusammengesetzt. Auch mineralische Baumaterialien können durch molekulare Kontrolle der Abscheidung von Mineralien aus der gelösten Form in ihren Eigenschaften gesteuert werden. Die der Natur entnommenen «Rohstoffe» wie Holz, Baumwolle oder Erdöl sind ja in Wirklichkeit durch biologische Mechanismen entstandene, teilweise hochkomplexe Werkstoffe. Selbst komplizierteste Maschinen der Zelle sind typischerweise nicht größer als 25–50 Nanometer.

Nach den Prognosen von K.E. Drexler wird sich die kommende Nanotechnologie im Gegensatz zu der heutigen Industrieproduktion (aber in mancher Hinsicht ähnlich der lebenden Zelle) vor allem auszeichnen durch:

- molekulare Fertigung – das heißt, Produkte können im Nanometermaßstab so hergestellt werden, daß die Anordnung der Moleküle und Atome genau gesteuert werden kann;
- Werkstoffe mit neuartigen, durch molekulare Fertigung steuerbaren Eigenschaften;
- Miniaturisierung von elektronischen und mechanischen Bauteilen bis zum atomaren Maßstab, was zu Nanomaschinen führt, die in Kompaktheit und Effizienz die Nanomaschinen der Zelle sogar übertreffen könnten.

Mit Drexler und seinen Prognosen sowie mit seinen Vorläufern, Anhängern und Kritikern wollen wir uns im nun folgenden Kapitel befassen.

Die Propheten der Nanotechnologie

Molekulare Fertigung, intelligente Werkstoffe, Nanomaschinen, das alles liest sich auch heute noch, 1995, ein bißchen wie Science-fiction, doch einer hat schon 1959 so weit voraus gedacht:

Richard P. Feynman: «There's plenty of room at the bottom»[2]

Am 29. Dezember 1959 trat Richard P. Feynman[3] vor die Jahresversammlung der «American Physical Society» und verkündete schier Unglaubliches. Computer, so prophezeite er zu einer Zeit, als man unter diesem Begriff einen raumfüllenden Drahtverhau verstand, müßten aus Drähten bestehen, die nur 10 oder 100 Atome Durchmesser haben. Was würde passieren, so fragte er sein ungläubig staunendes Publikum, wenn wir Atome einzeln in der Weise anordnen könnten, wie wir sie haben wollen? Feynman erinnerte daran, daß die lebende Zelle nicht nur eine enorme Informationsmenge auf kleinstem Raum speichern, sondern gleichzeitig diese Information lesen und umsetzen kann.

Die Zuhörer, so wird berichtet, zeigten sich amüsiert. Sie glaubten, der als genialer Querdenker bekannte Physiker, der nichts lieber tat, als seine Zeitgenossen zu irritieren, beliebte wieder einmal zu scherzen.

Der Vortrag wurde zwar in der Zeitschrift des Californian Institute of Technology abgedruckt und später vielfach zitiert und nachgedruckt. Feynman selbst kam jedoch nicht auf das Thema zurück (auch in den beiden Bänden seiner episoden- bis anekdotenhaften Autobiographie sucht man das Stichwort Nanotechnologie vergebens), und es sollten noch Jahrzehnte vergehen, bevor seine Vorschläge wirklich gewürdigt wurden.

Fünfunddreißig Jahre später hat die Technik immerhin soweit aufgeholt, daß heute niemand mehr über Feynmans Vorschläge lachen würde. Man-

2 Etwa: Am unteren Ende (der Größenskala) ist noch jede Menge Platz.

3 Richard P. Feynman (1918–1988) lehrte Physik an der Cornell University und am California Institute of Technology («Caltech»). Für seine Arbeiten auf dem Gebiet der Quanten-Elektrodynamik erhielt er 1965 den Nobelpreis für Physik.

ches ist Wirklichkeit geworden, manches ist heute ein realistisches Ziel für die kommenden Jahre. Wissenschaftler, die heute Atome positionieren oder Elektronikbauteile immer weiter miniaturisieren, sind verblüfft von der Genauigkeit von Feynmans Prognosen.

Und heute wagen einige seiner Nachfolger schon sehr viel detailliertere Vorhersagen darüber, wie die Beherrschung der Nanowelt ermöglicht werden wird und welche technologischen und gesellschaftlichen Umwälzungen dies zur Folge haben könnte.

Die schöne neue Welt des K. Eric Drexler

K. Eric Drexler ist eine umstrittene Persönlichkeit, für die einen ein Spinner, für andere ein bedeutender Wissenschaftler oder gar Prophet. Seit er sich im Jahre 1977 als zweiundzwanzigjähriger Student der «Technik der Industrialisierung des Weltraums» am Massachusetts Institute of Technology (MIT) für die Möglichkeit, nichtbiologische molekulare Maschinen zu konstruieren, zu interessieren begann, entwickelte er sich unaufhaltsam zum ersten hauptberuflichen Propheten der Nanotechnologie. Als er 1981 begann, seine Ideen zu publizieren, war die Resonanz bei den wissenschaftlichen Kollegen gedämpft, doch die Medien und die Öffentlichkeit begannen, sich für die verheißungsvolle Zukunftstechnologie zu interessieren. Sein unermüdliches Werben um Aufmerksamkeit für die Diskussion der Chancen und Risiken der neuen Technologie, die nach seiner Ansicht alle technischen Revolutionen der Vergangenheit in den Schatten stellen wird, hat sich seitdem hauptsächlich in Büchern, Vorlesungsreihen und Konferenzen geäußert und ihm den Beinamen «Mr. Nanotechnology» eingetragen.

Sein erster Versuch, die Segnungen des Nanotech-Zeitalters einer breiten Öffentlichkeit im Buchformat nahezubringen, erschien 1986 unter dem Titel *Engines of Creation – the coming era of nanotechnology*. Das Werk litt sowohl an dem Übermaß prophetischen Pathos', mit dem der Autor seine Botschaft vortrug, als auch an der unzureichenden Trennung zwischen wissenschaftlicher Realität und Science-fiction. Besser lesbar ist sein neuestes, in Zusammenarbeit mit seiner Ehefrau und Mitstreiterin Chris Peterson und der Journalistin Gayle Pergamit verfaßtes und 1994 in deutscher Übersetzung erschienenes Buch *Experiment Zukunft – Die nanotechnologische Revolution*. Hier sind Dichtung und Wahrheit fein säuberlich getrennt: Die

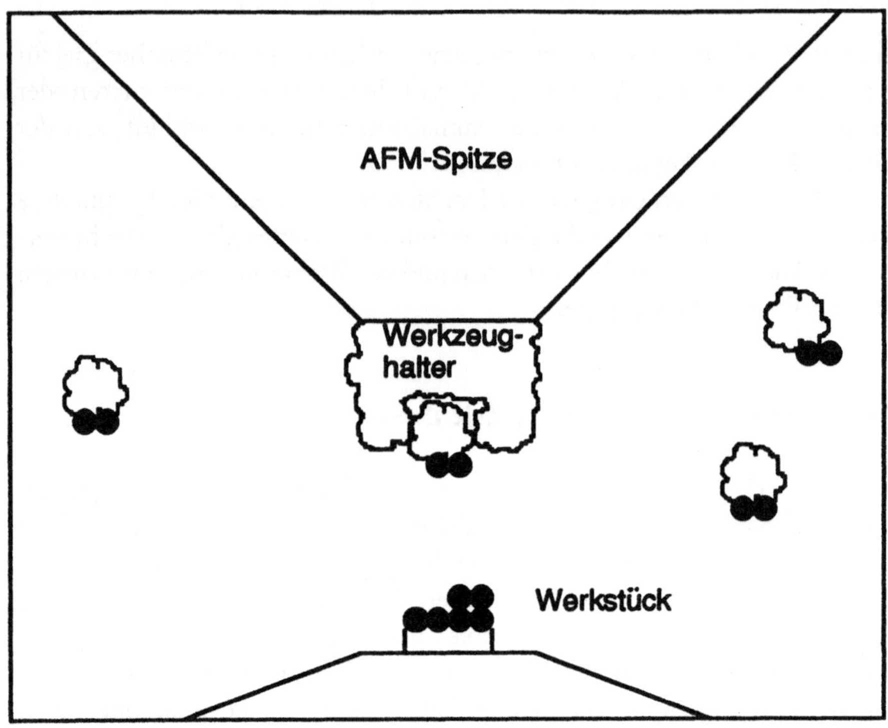

Abbildung 29: Molekül-Manipulatoren sollen nach den Vorstellungen von K. E. Drexler die Vorstufen für Assembler sein. Nach Drexler, Peterson, Pergamit, *Experiment Zukunft.*

Science-fiction-Passagen wurden im Text eingerückt und als «Szenarien» kenntlich gemacht.

Grundidee der Drexlerschen Zukunftsvision ist die, daß die heute verfügbaren Nahfeldsonden-Methoden – Rastertunnelmikroskopie (STM für engl. *scanning tunnel microscopy*) und Rasterkraftmikroskopie (AFM für engl. *atomic force microscopy*; siehe den folgenden Exkurs) – zu synthetischen Techniken weiterentwickelt werden sollen. Heute kann man mit einer Spitze, die nur ein Atom dick ist, entweder elektronisch (STM) oder mechanisch (AFM) eine Oberfläche abtasten und mit nahezu atomarer Auflösung ihre Struktur analysieren. Im Jahre 1990 gelang es einer Arbeitsgruppe in einem IBM-Forschungslabor, mit Hilfe einer AFM-ähnlichen Sonde 35 Xenonatome auf der Oberfläche eines Nickelkristalls mit atomarer

Genauigkeit so zu positionieren, daß man – mit Hilfe eines STM – den Schriftzug «IBM» lesen kann – ein erster Schritt von der Nahfeldsonden-Analytik zur Synthese. Drexler extrapoliert nun, daß in der Zukunft Atome und Moleküle mit Hilfe von Nanomaschinen, die sich von der STM/AFM-Technik ableiten, nahezu beliebig positioniert und dadurch auch gezielt zu chemischen Reaktionen gezwungen werden können. (Oft sind dabei die Ausbeuten chemischer Reaktionen durch die geringe Wahrscheinlichkeit begrenzt, daß sich die Reaktionspartner in der richtigen Orientierung und mit der nötigen Energie begegnen.) Diese neu zu entwickelnden Maschinen bezeichnet er als Assembler. Eine Zwischenstufe auf dem Weg zum Assembler soll der in Abbildung 29 gezeigte «Molekül-Manipulator» sein.

Exkurs: Nahfeldsonden als Analyse- und Synthesewerkzeuge

Wer mit dem Kopf durch die Wand will, hat normalerweise in unserer makroskopischen Welt keine Chance. Eine Wand bleibt eine Wand, und wer das nicht glaubt, holt sich Beulen. Das ist in der Quantenmechanik, deren Gesetze vor allem das Verhalten der Bausteine der Atome beschreiben, etwas anders. Betrachten wir etwa eine Barriere, die ein Elektron nach den Gesetzen der Newtonschen Physik nicht überwinden könnte, so sagt uns die Quantenmechanik, daß wir mit einer gewissen Wahrscheinlichkeit erwarten können, das Teilchen jenseits der Mauer wiederzufinden. Physiker nennen dieses Phänomen (das sich anhand der Wellennatur der Elementarteilchen schlüssig erklären läßt) den Tunneleffekt.

Genau auf diesem Effekt beruhte eine völlig neuartige Untersuchungstechnik, die Gerd Binnig und Heinrich Rohrer[4] am IBM-Forschungslaboratorium in Zürich entwickelten und 1979 zum Patent anmeldeten. Die Mauer, die ein Elektron normalerweise nicht, manchmal aber eben doch durchdringen kann, ist in diesem Fall der leere Raum zwischen der zu untersuchenden Oberfläche und der Sonde, deren Spitze idealerweise nur ein Atom dick ist. In der zweiten Schicht kann die Spitze durchaus mehrere Atome enthalten. Da die Tunnelwahrscheinlichkeit sich mit Zunahme der

4 Gerd Binnig und Heinrich Rohrer erhielten 1986 gemeinsam mit Ernst Ruska, dem Erfinder der Elektronenmikroskopie, den Nobelpreis für Physik.

Entfernung um 0,1 Nanometer um den Faktor 10 verringert, spielt diese Schicht praktisch keine Rolle mehr. Mit einer Spitze, deren äußerstes Ende nur aus einem Atom besteht und die in einem Abstand von wenigen Atomdurchmessern über dem Untersuchungsobjekt gehalten wird (wobei der Abstand mit Hilfe des gemessenen Tunnelstroms nachreguliert werden kann), kann man nun die Oberfläche, ohne sie wirklich zu berühren, abtasten und ihre Höhen und Tiefen mit atomarer Auflösung ausloten.

Das Rasterkraftmikroskop ist eine 1986 von Gerd Binnig mit C. F. Quate und C. Gerber vorgestellte Variante des Tunnelmikroskops, bei der die Sonde die Oberfläche tatsächlich berührt und in ihrer Höhenauslenkung durch die gemessene Kraft gesteuert wird. Seitdem sind in Analogie zu AFM und STM weitere Rastermikroskopieverfahren entwickelt worden, die etwa magnetische Wechselwirkungen oder Ionenleitfähigkeit als Signal benutzen.

Sowohl die Tunnel- als auch die Kraftmikroskopie werden seit Anfang der neunziger Jahre immer öfter zur Untersuchung biologischer Moleküle herangezogen. Waren die Forscher in den ersten Jahren schon begeistert, wenn sie einzelne große Biomoleküle, etwa DNA-Doppelstränge[5] mit der neuen Technik «sehen» konnten – andere Methoden zur Strukturuntersuchung liefern ja in aller Regel Bilder, die über viele Moleküle gemittelt sind –, so interessiert man sich neuerdings auch schon für die Möglichkeit, mit den Nahfeldsonden einzelne Moleküle in Aktion beobachten zu können. So hat eine Arbeitsgruppe an der Universität von Kalifornien in Santa Barbara an eine Oberfläche gekoppelte Moleküle des Enzyms Lysozym mit Substrat beschickt und die Enzymmoleküle dann mit dem Kraftmikroskop im wahrsten Sinne des Wortes «abgeklopft». Die Wissenschaftler entdeckten Höhenfluktuationen von etwa einem Nanometer, die bis zu 50 Millisekunden andauerten, und interpretierten diese als Konformationswechsel, die mit der enzymatischen Aktivität zusammenhängen.

Das Rasterkraftmikroskop fand, auch dank des schon etablierten Tunnelmikroskops, sofort nach seiner Erfindung Anerkennung und wurde schon bald zum Bewegen von Atomen und Molekülen benutzt, was dann 1990 in dem aus 35 Xenonatomen bestehenden IBM-Logo gipfelte.

5 Das erste vermeintliche AFM-Bild eines DNA-Moleküls erwies sich im nachhinein als ein täuschend ähnliches Artefakt, das auf einer Unregelmäßigkeit der als Unterlage verwendeten Graphitoberfläche beruhte.

Wollte man mit einem Assembler, der Atom für Atom ein Werkstück zusammensetzt, makroskopische Gegenstände herstellen, würde das Unternehmen natürlich astronomische Zeitmaßstäbe erfordern. (Die Zahl der Atome in einem Gramm Kohlenstoff – egal ob Diamant oder Graphit – ist eine 5 mit 22 Nullen, und selbst für sehr schwere Atome, etwa Uran, ist diese Zahl nur um eine Dezimalstelle kürzer.) Deshalb braucht man viele, das heißt Billiarden oder mehr, Exemplare dieser Nanomaschinen. Und wie baut man viele Assembler – natürlich auch mit einem Assembler. Assembler, die Kopien ihrer selbst herstellen können, bezeichnet Drexler als Replikatoren.

Die Kombination dieser beiden Grundelemente – Assembler, die jede beliebige Struktur aufbauen können, und Replikatoren, die uns beliebige Mengen der gewünschten Assembler an die Hand geben, führt Drexler zu der Prognose einer technischen Revolution, die mehr Umwälzungen bewirken soll als sämtliche Neuerungen unseres Jahrhunderts zusammengenommen. Drexler liebt es, in positiven Visionen zu schwelgen, wie die Welt von morgen aussehen könnte, wenn die Nanotechnologie zum Wohle der Menschheit angewandt wird. Demnach würde eine Weltbevölkerung von zehn Milliarden Menschen im kommenden Jahrhundert in unvorstellbarem Reichtum leben können, ohne damit die Umwelt zu belasten oder Teile der Bevölkerung zu unterdrücken und auszubeuten.

Zunächst einmal würde die Möglichkeit, Atome nahezu beliebig anzuordnen, die Produktion von der Notwendigkeit von Rohstoffen mit bestimmter chemischer Struktur befreien. Jeder Abfall – und davon produzieren wir ja zur Zeit genug – könnte auf atomarer Ebene rezykliert werden. Nanomaschinen, die Sonnenenergie effizienter sammeln, als heutige Sollarzellen das können, sollen so robust sein, daß man sie in Straßenbelägen und Außenanstrichen verwenden kann, um so billige Solarenergie in nahezu beliebiger Menge zu gewinnen.

Diese Errungenschaften würden natürlich die industrielle, Rohstoffe und fossile Energieträger verschlingende Fertigung unseres Jahrhunderts obsolet machen. Darüber hinaus sollen aber die Atom für Atom aufgebauten neuen Werkstoffe, Nanoroboter und Nanocomputer nach Drexlers Vorstellungen auch viele andere Wirtschaftsbereiche umkrempeln, vor allem aber die Landwirtschaft, die Medizin, den Umweltschutz und das Verkehrswesen.

Neuartige Materialien im Treibhausbau und billige Sonnenenergie könnten die Produktivität der Landwirtschaft so steigern, daß gesunde, pestizidfreie Lebensmittel mit einem um 90 Prozent reduzierten Flächenbedarf gewonnen werden und große Flächen wieder verwildern könnten. Die fortschrittliche Technik würde die Umweltverschmutzung praktisch auf null reduzieren, Folgen vergangener Umweltverschmutzung könnten rückgängig gemacht werden (siehe unten).

Die heutige Medizin, deren chirurgische Werkzeuge sich im Größenvergleich mit den Zellen unseres Körpers ausnehmen wie eine Axt neben einem Mikrochip, soll durch «Nanomedizin» ersetzt werden. Krankheiten von Krebs und Aids bis zum Schnupfen könnten durch Nanomaschinen, die durch die Blutbahn zirkulieren und Jagd auf böse Krankheitserreger oder Krebszellen machen, geheilt werden. Darüber hinaus sollen die Nanomaschinen auch die aktive Gesundung, etwa die Neubildung gesunden Gewebes an Verletzungs- oder Operationsnarben fördern, wo Chirurgen heute nur nähen und hoffen können. Wie der Hund die Schafherde zusammenhält, sollen die Nanomaschinen die Zellen «hüten» und dazu bringen, am richtigen Ort in der richtigen Weise zusammenzuwachsen. Ja sogar die Moleküle des Lebens sollen medizinisch repariert werden können. Selbst nachdem ein Virus sein Erbmaterial schon in die körpereigene DNA eingeschmuggelt hat, sollen die nanomedizinischen Ordnungshüter noch in der Lage sein, die Kuckuckseier aufzuspüren und selektiv zu entfernen.

Ähnlich wie die Medizin von der Schadensbegrenzung, Reparatur und Flickschusterei zur aktiven Herstellung von Gesundheit übergehen soll, wird nach Drexlers Visionen auch der Umweltschutz in die Offensive gehen und nicht nur laufende Umweltschäden unterbinden, sondern auch die Umweltsünden der Vergangenheit rückgängig machen. In einem der Szenarien in *Experiment Zukunft* spüren zukünftige Pfadfinder im Wald eine der allerletzten Spuren eines Umweltgifts aus der Klasse der PCB (polychlorierte Biphenyle, besonders bekannt für ihre lästige Vorliebe, sich in Müllverbrennungsanlagen in Dioxine zu verwandeln) auf und sind ganz begeistert von dem seltenen Fund, der ihnen das Vorrecht sichert, bei dem atomaren Recycling des biologisch schwer abbaubaren Schadstoffs mitzuwirken.

Bei der Beseitigung giftiger und schwer abbaubarer Chemikalien sind die Ziele der Wiederherstellung der Umwelt ja recht einfach zu definieren. Schwieriger sieht es mit der Artenvielfalt aus. Neuentstehung und Aussterben von Arten sind natürliche Prozesse im Evolutionsgeschehen, so daß ein auf Dauer «richtiger» Artenbestand nicht existiert oder wiederhergestellt werden kann. Die globale Reiselust der Menschen in den letzten Jahrhunderten hat einige ökologische Gleichgewichte durch den – gezielten oder auch unbeabsichtigten – Export von Arten durcheinandergebracht. Prominentestes Beispiel sind die Kaninchen, die in Australien mangels Freßfeindes zur Landplage wurden und auch durch eine gezielt eingeführte Virusinfektion nicht wieder zu beseitigen waren. Um regionale Ökosysteme künftig vor Fremdlingen zu schützen, will Drexler insektengroße – selbstverständlich auf nanotechnologischen Entwicklungen beruhende – Roboter einsetzen, die er als «Ökosystemwächter» bezeichnet. Diese könnten unerwünschte Arten durch DNA-Analyse identifizieren und ausrotten, ohne sich selbst zu vermehren. Sie könnten natürlich zusätzlich auf landwirtschaftlich genutzten Flächen das Unkraut und die Schädlinge fernhalten, so daß umweltschädigende Gifte in der Landwirtschaft überflüssig werden. Problematisch ist allerdings die Frage, wer dann über Wohl und Wehe der Arten entscheiden soll. Bei pessimistischerer Betrachtungsweise liegt die Vermutung nahe, daß die «Ökosystemwächter» dereinst weniger die Artenvielfalt als die Profite weltumspannender Landwirschaftskonzerne beschützen werden.

Im Verkehrswesen soll die Nanotechnologie die Grenze nach unten öffnen, zu einem unterirdischen Fernverkehrssystem mit Flugzeuggeschwindigkeit. Billige Energie, leistungsfähigere Vortriebsmaschinen und neuartige Werkstoffe zur Auskleidung der Röhren sollen die Erstellung weltumspannender Tunnelsysteme ermöglichen. Magnetschwebebahnen sollen in den evakuierten Röhren dann mit Geschwindigkeiten vorankommen, die Flugzeuge überflüssig machen. Dieses unterirdische Schnellverkehrssystem würde die Erde zu einem Nahverkehrsverbund degradieren, in dem kaum noch ein Weg länger als eine Stunde dauert.

Doch auch die Grenzen nach oben sollen sich öffnen: Weltraumflüge sollen so selbstverständlich werden wie heute der Luftverkehr, und die Energie- und Rohstoffquellen des Weltraums sollen unseren gebeutelten Planeten entlasten. Allerdings ist das Projekt der Besiedelung des Weltraums, dem Drexler in *Engines of Creation* noch ein ganzes Kapitel gewidmet hatte, in dem neueren Werk etwas in den Hintergrund getreten.

Auch das in *Engines of Creation* vorgeschlagene Unsterblichkeitsprogramm – unheilbar Kranke sollten sich einfrieren lassen, da die Blutbahnroboter der Nanomedizin sie dereinst unbeschadet enteisen und reparieren können – hat wohl vorläufig das Zeitliche gesegnet. Vermutlich fürchtet der Autor nun, für mißglückte Überlebensversuche haftbar gemacht zu werden. Bis in die letzten Niederungen des Alltags soll die Nanotechnologie vordringen – so wird uns etwa in *Experiment Zukunft* die Tapetenfarbe angekündigt, die sich dank eingebauter Nanomaschinen selbst auf die gewünschten Wandabschnitte verteilt, Beschädigungen selbständig repariert und sich natürlich auf Abruf wieder ablöst und in die Dose zurückwandert. Keine Frage, daß die Tapeten dieser Ära auf Wunsch das Motiv wechseln und bei Bedarf als Fernsehschirm oder Computermonitor dienen werden. (Es bleibt zu hoffen, daß die fliegenden Toaster und ähnlich geschmackvolle Bildschirmschoner bis dahin aus der Mode gekommen oder überflüssig geworden sind.)

Diese Szenarien, so erläutern die Autoren im politisch ambitionierten Schlußteil des Buches, zielen darauf ab, eine breitere Öffentlichkeit von dem positiven Potential der kommenden Technologie zu überzeugen, damit die Entwicklung unter demokratischer Kontrolle und nicht in militärischen Geheimlabors stattfindet. Im letzteren Fall würde, wie man sich leicht ausmalen kann, sehr bald eine neue Waffengattung auftauchen und die vereinigten Schrecken atomarer, biologischer und chemischer Waffen mühelos überbieten. Die Ausbreitung dieser Waffensysteme wird aufgrund der einfacheren Handhabung kaum zu verhindern sein.

Schlimmer noch, Replikatoren, die zu selbständig wären, könnten aus dem Labor ausbüchsen und sich ungehemmt vermehren, ja letztendlich die Menschheit ausrotten. Natürlich würde jeder vernünftige Mensch Replikatoren so konstruieren, daß sie kontrollierbar bleiben. Doch die Möglichkeiten, daß ein Psychopath diese ultimative Waffe gegen die Menschheit richtet oder daß aus harmloseren Formen, die unbemerkt entkommen, durch Evolution gefährliche Arten entstehen, müssen – zumindest innerhalb der Logik von Drexlers Visionen – als reale Gefahren betrachtet werden. Auch Science-fiction-Autoren haben das Horrorpotential wildgewordener Nanoroboter bereits erkannt und genutzt. So werden in einer Folge der Fernsehserie «Star Trek – The Next Generation» Nanoroboter («Nannites») beschrieben, die in lebende Zellen eindringen und dort Schäden reparieren können. Dummerweise machen sich einige dieser Wunderwerke selbständig und setzen sich im Bordcomputer der «Enterprise» fest, wo sie sich explosionsartig vermehren …

Ob Drexlers optimistische Szenarien gegenüber den Mißbrauchsmöglichkeiten der Nanotechnologie eine Chance haben, und wenn ja, ob sie nicht eher das 22. als das 21. Jahrhundert beschreiben, mag dahingestellt bleiben. Wenn sich Drexler auch in seinem prophetischen Großmut herzlich wenig um die Schwierigkeiten schert, die wir heute noch bei der Entschlüsselung der Konstruktionsgeheimnisse der Nanomaschinen der Zelle haben, und sich von Kritikern vorhalten lassen muß, daß seine Assembler mit den Grundregeln der Thermodynamik in Konflikt geraten (siehe unten), so ist doch seine Richtungsangabe vermutlich richtig. Die Technik wird im Zuge der fortschreitenden Miniaturisierung irgendwann, und sei es erst in hundert Jahren, bis zu dem molekularen Maßstab vordringen, und das wird erhebliche Umwälzungen zur Folge haben. Und darüber sollte man sich lieber jetzt als zu spät Gedanken machen.

Maxwells Dämon als Vorreiter der Nanotechnologie: Kritik an Drexlers Konzept

James Clerk Maxwell[6] gab den Vertretern des jungen Wissenschaftszweigs der Thermodynamik (der Lehre der Energieumwandlungen) im Jahre 1871 ein Rätsel auf, das mehr als fünfzig Jahre lang ungelöst blieb. Er entwarf ein Gedankenexperiment, das dem zweiten Hauptsatz der Thermodynamik, den Rudolf Clausius[7] nur sechs Jahre zuvor erstmals formuliert hatte, zu widersprechen schien.

Der zweite Hauptsatz besagt, daß die im Universum (oder in jedem anderen abgeschlossenen System) herrschende Unordnung, die unter dem Namen «Entropie» eine Schlüsselstellung im mathematischen Formalismus der Thermodynamik innehat, niemals abnehmen kann. Das bedeutet zum Beispiel, daß sich in zwei miteinander verbundenen Gasgefäßen nach einiger Zeit derselbe Druck und dieselbe Temperatur einstellt. Niemals könnte sich ohne Energiezufuhr von außen das eine Gefäß erwärmen, während sich das andere abkühlt. Und niemals könnten sich in dem einen Gefäß mehr Moleküle anreichern, so daß der Druck darin höher ist als in dem anderen.

Ebensowenig könnte man, obwohl beim Abbremsen eines Autos die Bewegungsenergie in Reibungswärme verwandelt wird, das Auto wieder in

6 James Clerk Maxwell (1831–1879), schottischer Physiker, Professor in Aberdeen, London und Cambridge, leistete bedeutende Beiträge zur Thermodynamik und zur Theorie elektromagnetischer Felder.

7 Rudolf Julius Emanuel Clausius (1822–1888), einer der Mitbegründer der Thermodynamik, führte auch den Entropiebegriff ein.

Bewegung bringen, indem man die Reifen erwärmt. Die Zunahme der Entropie ist die einzige physikalische Grundlage, die uns erlaubt, die Richtung der Zeit zu definieren.

Maxwells Gedankenexperiment, das dem zweiten Hauptsatz zu widersprechen schien und ein halbes Jahrhundert lang Verwirrung stiftete, ging von zwei miteinander verbundenen, gasgefüllten Gefäßen aus, an deren Verbindungsstelle ein kleines Wesen, Maxwells Dämon, sitzt, das den Durchgang nur für bestimmte Moleküle und/oder nur in einer bestimmten Richtung freigibt. Wenn Maxwells Dämon etwa nur schnell fliegende (energiereiche) Moleküle von A nach B und nur energiearme Moleküle von B nach A passieren ließe, würde sich Gefäß B auf Kosten von A erwärmen. Wenn der Dämon den Durchgang ausschließlich in der Richtung von A nach B gestattete, würde der Gasdruck in B höher sein als in A (Abbildung 30).

Der zweite Hauptsatz der Thermodynamik ist ein Naturgesetz, und natürlich ist es niemandem gelungen, eine Vorrichtung zu konstruieren, welche die Funktion des Maxwellschen Dämons erfüllen und damit die Thermodynamik austricksen könnte. Doch warum ein solch dämonischer Trick nicht funktionieren kann, begann man erst zu ahnen, als man mit dem Aufkommen der modernen Informationswissenschaft Information als negative Entropie zu verstehen begann. Leo Szilard[8] wies im Jahre 1929 darauf hin, daß der Dämon Informationen über die Moleküle sammeln müßte. Später identifizierte man dann den Schlüsselschritt: Wenn der Dämon kontinuierlich arbeiten soll und einen endlichen Speicherplatz hat, muß er die gesammelten Daten irgendwann löschen – und damit erhöht er die Entropie des Universums.

Und was hat das alles mit Nanotechnologie zu tun? Sehr viel, meint David E. H. Jones von der Universität Newcastle upon Tyne. In einem Beitrag für das Wissenschaftsmagazin *Nature* schreibt er, der Maxwellsche Dämon sei der allererste Nanotechnologe gewesen. Ebenso wie Maxwells Dämon nämlich müßten die Drexlerschen Assembler Informationen über die zu bewegenden Atome gewinnen, speichern und auch wieder löschen. Wenn Assembler Atome und Moleküle ordnen, müssen sie zum Ausgleich

8 Leo Szilard (1898–1964), ungarisch-amerikanischer Physiker, war Mitbegründer der Kerntechnologie und arbeitete später auf dem Gebiet der Bakterien- und Virengenetik.

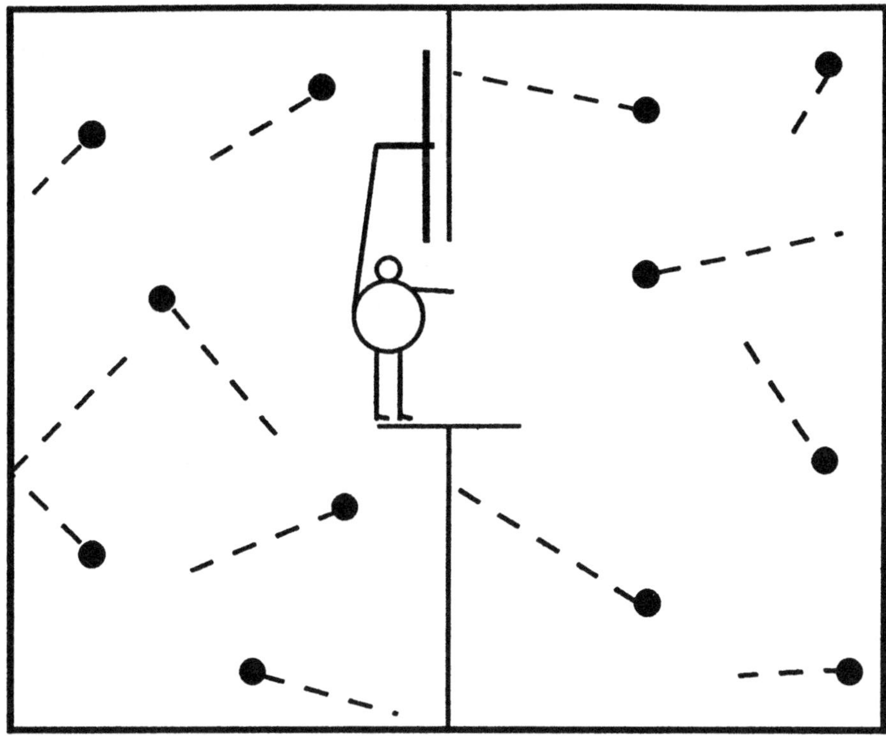

Abbildung 30: Maxwells Dämon ist ein wunderbares Wesen, das die Geschwindigkeit einzelner Moleküle erkennen kann und aufgrund dieser Information scheinbar einen Temperaturunterschied zwischen den beiden Teilen des abgeschlossenen Systems erzeugen kann, was dem zweiten Hauptsatz der Thermodynamik widerspräche.

Unordnung erzeugen, da die Unordnung des Universums nur zunehmen kann. Die «Entsorgung» dieser überschüssigen Entropie ist jedoch in Drexlers Konzept nicht vorgesehen. Jones weist darauf hin, daß die besten heute verfügbaren Computer billionenfach mehr Entropie erzeugen, als aufgrund der bearbeiteten Informationsmenge nötig wäre. Nanotechnologen müssen sich etwas einfallen lassen, damit die beim Assemblieren anfallende Entropie ihnen die mühsam zusammengebauten Nanosysteme nicht gleich wieder auseinanderreißt.

Auch mit Drexlers großzügigem Umgang mit der Chemie geht Jones hart ins Gericht. Er weist darauf hin, daß die IBM-Wissenschaftler nicht zufällig

Atome des äußerst reaktionsträgen Edelgases Xenon für ihr nanometergroßes Firmenlogo benutzten. «Normale» Atome lassen sich nicht so leicht manipulieren und schon gar nicht beliebig anordnen. Sie haben ihre besonderen Vorlieben, die man auch dann berücksichtigen müssen wird, wenn man über Greifwerkzeuge verfügt, um sie einzeln zu fassen und zusammenzustellen.

Das alles muß natürlich nicht heißen, daß Nanotechnologie völlig unmöglich ist. Allerdings könnten die Handhabung einzelner Atome und die «Neuschaffung der Welt, Atom für Atom», wie sie Drexler-Fan Ed Regis in einem Buchtitel verheißt, sich in der Realität als schwieriger erweisen, als sich K. E. Drexler das in seinem Propheten-Eifer ausgemalt hat. Realistischer erscheint wohl die Perspektive, bei der Entwicklung der Nanotechnologie bevorzugt auf Moleküle, Selbstorganisation und schwache Wechselwirkungen zurückzugreifen – auf dieselben Grundlagen also, auf denen die Natur seit drei Milliarden Jahren erfolgreich Nanotechnologie betreibt.

Nanotechnologie heute und morgen

Zurück in die Gegenwart: Wieviel Nanotechnologie ist heute realisierbar?

Was ist in den fünf Jahren seit der ersten erfolgreichen Positionierung von ein paar Dutzend Atomen geschehen? Wo stehen wir heute?

Nanotechnologie beginnt sich als Forschungsgebiet zu etablieren. Es werden Institute gegründet und Forschungsprogramme gestartet, die den Begriff im Namen tragen, etwa die «National Nanofabrication Facility» in den USA, Nanotech-Zentren in Japan, das «Nanotechnology Link Programme» in Großbritannien. In der Bundesrepublik gibt es immerhin einen Lehrstuhl für Nanoelektronik an der Ruhr-Universität Bochum.

Von einem organisierten internationalen Forschungsprogramm in der Größenordnung des «Human Genome Project», der Raumfahrtprogramme oder der Teilchenbeschleuniger ist die Wissenschaft der kleinsten Dimension jedoch noch weit entfernt. Und das, obwohl sich Investitionen in diesem Gebiet auf Dauer als lohnender erweisen könnten als jene in den herkömmlichen Abteilungen der «Big Science».

Auch in wissenschaftlicher Hinsicht handelt es sich um ein Forschungsgebiet «in Gründung». Einige günstige Voraussetzungen sind geschaffen. Es müssen aber noch neue Methoden entwickelt werden, insbesondere synthetische, da die Synthese zur Zeit nicht mit der bis in den atomaren Maßstab entwickelten Analytik mithalten kann. Von mehreren hundert Proteinen sind die Strukturen in atomarer Auflösung bekannt, doch die Versuche, künstliche Moleküle mit nur annähernd der Komplexität und Leistungsfähigkeit von Proteinen zu konstruieren, nehmen sich noch recht unbeholfen aus.

Mehr Informations- und Kommunikationsarbeit ist noch vonnöten, um die Forscher der angrenzenden Disziplinen in das neue Gebiet einzubinden. Proteinbiochemiker und Materialwissenschaftler, Halbleiterphysiker und Biotechniker, organische Chemiker und Biophysiker kommunizieren normalerweise nicht miteinander über die Fachbereichsgrenzen hinweg. Doch bei der Entwicklung der Nanotechnologie werden alle diese und noch mehr Fachleute aus verschiedenen Disziplinen zusammenarbeiten müssen. Das ferne Ziel der Nanotechnologie kann «von oben» – das heißt durch weitere Miniaturisierung der Mikrofabrikationstechniken – oder «von unten» – das heißt durch Aufbau von Nanostrukturen durch chemische Synthese und selbstassemblierende Systeme – angesteuert werden, doch erfolgreich werden diese Ansätze nur sein, wenn sie voneinander wissen und aufeinander zuarbeiten, nicht aneinander vorbei.

Die Wissenschaftler werden außerdem – ausgehend von dem überwiegend analytischen Methodenrepertoire ihrer Disziplinen – völlig neue synthetische Methoden entwickeln müssen, die dann das Fundament einer neuen Technologie bilden werden. Bevor diese jedoch zu marktreifen Produkten führt, werden wohl noch einige Jahre vergehen.

Nanotechnologie «von oben»: Von der Mikroelektronik zur Nanoelektronik

Nirgendwo wird der Vorstoß in Richtung einer Fertigung im Nanomaßstab so vehement vorangetrieben wie in der Halbleitertechnik, bei der Entwicklung immer leistungsfähigerer Mikrochips. Die kleinsten Strukturen auf den modernsten heute käuflichen Speicherchips messen ca. 350 Nanometer. In den Forschungslabors der Chiphersteller gibt es bereits Gigabit-Chips mit Transistoren, deren aktive Bereiche zwischen 100 und 200 Nanometer weit sein sollen. Doch die Massenfertigung solcher Chips, für Anfang des nächsten Jahrzehnts angestrebt, könnte zum ernsten Problem werden. Die herkömmliche Methode der Photo-Lithographie, bei der das auf einer Schablone in größerem Maßstab vorgegebene Muster durch gebündeltes Licht verkleinert und auf das Halbleitermaterial übertragen wird, stößt in diesem Größenbereich auf eine Grenze. Sichtbares Licht kann aufgrund seines Wellenlängenbereichs (400–800 Nanometer) nicht mehr verwendet werden, und mit dem kurzwelligeren Ultraviolettlicht gibt es technische Schwierigkeiten. Als (umstrittene) Alternative wird die Verwendung von Röntgenstrahlen in Erwägung gezogen. Deren Nachteil besteht allerdings darin, daß sie sich nicht so leicht fokussieren lassen wie sichtbares oder ultraviolettes Licht.

Gelingt es, dieses Fertigungsproblem zu überwinden, so steht einer nochmaligen Verkleinerung der heutigen Schaltelemente eines Mikrochips um den Faktor 10 nicht viel im Wege. Erst unterhalb von 30 Nanometer würde der Tunneleffekt, das heißt das zufällige Überspringen von Elektronen, die Schaltelemente unbrauchbar machen. Und ein «einfacher», mit 30 Nanometer Auflösung gezeichneter Chip brauchte dann vielleicht nicht viel größer als ein Bakterium zu sein und könnte zu der von Drexler prophezeiten Entwicklung von «Nanocomputern» wie auch zu den oben erwähnten Blutbahnrobotern beitragen.

Auf jeden Fall ist die Computerindustrie – und die große Nachfrage nach Computern – heute immer noch die treibende Kraft bei der fortschreitenden Miniaturisierung, und das wird sie wohl noch einige Zeit bleiben.

Nanotechnologie «von unten»: Selbstorganisation auf dem Vormarsch

Schwache Wechselwirkungen und Selbstorganisation ermöglichen den Aufbau komplexer Systeme aus kleinen Bausteinen. Obwohl viele Chemiker Mühe haben zuzugeben, daß kovalente Bindungen nicht alles im Leben sind, sind die oft verspielt wirkenden Baukastenkonstruktionen der supramolekularen Chemiker eindeutig im Kommen. Ob Reza Ghadiri Peptidringe zu funktionierenden Ionenkanälen aufstapelt (s. S. 102ff.) Jean-Marie Lehn neue Rekorde in der Anzahl der verschiedenen Bausteine einer künstlichen Assembly-Mischung aufstellt oder Fraser Stoddart die molekulare Eisenbahn auf einem molekularen Ring mit Start- und Stopsignalen fahren läßt – immer erkennt man, daß die selbstassemblierenden Strukturen das Potential für komplexe Funktionen in sich tragen und für die Nanoroboter der Zukunft interessante Komponenten bereithalten. Und wenn Nadrian Seeman komplizierte poröse Strukturen aus maßgeschneiderten DNA-Molekülen aufbaut (s. S. 112ff.), wird deutlich, daß auch die Materialwissenschaft in Zukunft auf Selbst-Assembly und auf das eine oder andere biologische oder biologisch inspirierte Makromolekül nicht mehr verzichten kann.

Von der Werkstoffkunde zu «Advanced Materials»

Angehende Ingenieurinnen und Ingenieure werden in den ersten Semestern mit einem Fach namens «Werkstoffkunde» traktiert, das offenbar vor allem dazu geeignet ist, die Studierenden einzuschläfern.[9] Sie müssen in den mikroskopisch kleinen Körnchen eines Stahls den Martensit von Austenit und Perlit unterscheiden, sich mit Elasten, Duroplasten und Thermoplasten herumschlagen, den Weg durch die Zustandsdiagramme eutektischer und peritektischer Gemische finden und dieses gesammelte Archivwissen bei der nächsten Prüfung herunterrasseln können.

Die sehr viel interessantere und zeitgemäßere Beschäftigung mit neuartigen Werkstoffen, deren Strukturen eher im Nanometer- als im Mikrometermaßstab charakterisiert und manipuliert werden, ist von jener Werkstoffkunde so verschieden, daß man oft auf angelsächsische Begriffe wie «Materials Science» oder «Advanced Materials» zurückgreift. Letzteres ist auch der Name einer neuen Zeitschrift, die im Juli 1988 aus der hochangesehenen hundertjährigen *Angewandten Chemie* ausknospte und sich auf Anhieb etablieren konnte.

Die neue Materialwissenschaft befaßt sich mit Langmuir-Blodgett-Filmen (siehe oben), mit Polymerkonstrukten, die biologische Membranen oder Proteine nachahmen, mit Beschichtungsverfahren, die der Biomineralisation abgeschaut sind, Sol-Gel-Übergängen, Aerogelen und vielem mehr. Sie ist in hohem Maße interdisziplinär insofern, als sie biologische Vorbilder, chemische Synthese und physikalische Analytik miteinbezieht.

Anwendungsbezogene Forschungsinstitute wie das Saarbrücker Institut für neue Materialien entwickeln bereits Nano-Beschichtungen für Alltagszwecke – vom Korrosionsschutz bis zur nicht verschmutzenden Fensterscheibe. Wenn diese Anwendungen auch nicht direkt der Nanotechnologie im Drexlerschen Sinne zuzurechnen sind, werden sie doch für viele VerbraucherInnen den ersten Kontakt mit einem Produkt, dessen Aufbau im Nanometermaßstab manipuliert wurde, bedeuten.

Abschied von Fließband und Fabrik?

Nein, das Szenario der «Desert Rose Industries» aus *Experiment Zukunft*, wo ein Ehepaar (wie altmodisch!) per molekularer Fertigung die Großproduk-

9 Dieser Mißstand ist einer der Gründe dafür, daß der Autor dieser Zeilen heute Chemiker ist und nicht Chemie-Ingenieur.

tion von Möbeln, Computern, Spielzeug und Freizeitausrüstung ohne weitere menschliche Arbeitskräfte betreibt und im Notfall innerhalb von Stunden auf die Produktion von selbstassemblierenden Komfort-Fertighäusern für Erdbebenopfer umstellen kann, dieses Szenario ist wohl eindeutig der Sparte Science-fiction zuzuordnen. Ganz abgesehen davon, daß diejenigen Erdenbürger, die zufällig keine selbsttätige Nano-Fabrik besitzen, in Drexlers schöner neuer Welt offenbar arbeitslos sein müssen, gibt es in der gegenwärtigen Wissenschaft und Technik nichts, was eine derart radikale Änderung der Produktionsweise für die nähere Zukunft erwarten läßt. Bisweilen ist von molekularer Fertigung wahrhaftig noch nichts zu bemerken.

Ein Trend in Richtung «nano», der sich in der Analysetechnik bemerkbar macht, könnte jedoch auch auf die Produktion übergreifen. Trenntechniken, die bisher sperrige Gerätschaften benötigten, können auch platzsparend auf einem Mikrochip untergebracht werden. Chromatographische Säulen können etwa durch wenige Mikrometer weite Rillen im Chip ersetzt werden, und auch die zur Trennung von Biomolekülen verwendete Kapillar-Elektrophorese und die der Vervielfältigung von DNA-Strängen dienende Polymerase-Kettenreaktion (PCR) können auf Mikrochip-Format verkleinert werden. Prototypen dieser Geräte, in denen die Kernelemente auf Chip-Format geschrumpft sind, haben bereits im Labor funktioniert. Um die Mikro-Laboratorien marktreif zu machen, muß man auch noch die Hilfsgeräte, zum Beispiel die für chromatographische Verfahren benötigten Pumpen, miniaturisieren.

Wenn diese Mikro-Labors letztendlich dazu führen, daß Geräte zur DNA-Sequenzierung oder Analyse von Spurenelementen im Westentaschenformat preiswert zu erhalten sind, würde dies durchaus erhebliche Auswirkungen, zum Beispiel in den Bereichen Medizin und Umweltschutz, haben. Und wer weiß, vielleicht könnte die Synthese gefährlicher Chemikalien auch demnächst auf vielen kleinen Chips statt in einem großen Reaktor stattfinden. Wenn nicht als Nano-, dann zumindest als Mikro-Technologie.

Nanotechnologie – die nächste industrielle Revolution?

Deterministisches Chaos, so hat die Wissenschaft und die staunende Öffentlichkeit in den vergangenen Jahren gelernt, ist dafür verantwortlich, daß auch mit perfekten Meßgeräten, flächendeckend über den Globus verteilt, das Wetter nicht für länger als drei oder vier Tage vorhersagbar ist. Der

Determinismus der Newtonschon Physik, in der man aus einem Satz von Orts- und Bewegungsdaten die Veränderungen für jeden beliebigen Zeitpunkt in der Zukunft oder der Vergangenheit berechnen kann, gilt strenggenommen nur für Zwei-Körper-Systeme. Die Anwesenheit eines dritten Objekts kann schon das Chaos bringen, es kann bewirken, daß kleine Unterschiede in den Anfangsbedingungen sich zu riesigen Differenzen im Fortgang der Handlung aufschaukeln.

Noch in sehr viel größerem Ausmaß hängt natürlich der Fortgang der Weltgeschichte von den Abermilliarden kleinen Zufällen ab. Ein einzelner Psychopath – und jedem fallen spontan drei Beispiele ein – kann das Weltgeschehen für Jahrzehnte in Chaos und Zerstörung stürzen.

Demnach ist es nicht verwunderlich, daß Vorhersagen über zukünftige wissenschaftliche und technologische Entwicklungen (und deren gesellschaftliche Auswirkungen) in Wissenschaftlerkreisen keinen guten Ruf genießen. Erstens kommt es sowieso anders, als man denkt, und zweitens ist die Liste der Fehlprognosen erschreckend. Vorhergesagt wurden zwar Flugzeuge, Dampfschiffe, Unterseeboote, Autos, Telephone, Roboter, aber auch Levitation, Beobachtung von Vergangenheit und Zukunft und Kommunikation mit den Toten. Unangemeldet erschienen hingegen Röntgenstrahlen, Atomkraft, Radio, Fernsehen, Photographie, Laser, Supraleiter, Supraflüssigkeiten und Atomuhren. Unzählige Zitate angesehener Physiker belegen, daß man gegen Anfang unseres Jahrhunderts die Physik für ein nahezu abgeschlossenes Forschungsgebiet hielt, in dem nur noch die Naturkonstanten in der zehnten Dezimalstelle ein wenig korrigiert werden müßten. Niemand hat vorhergesagt, daß die Quantenmechanik nur wenig später das Weltbild der Physik völlig umkrempeln würde.

Um ein neueres Beispiel aus erster Hand zu bringen: Auf der IUPAC-Konferenz über Physikalische Organische Chemie, die im August 1988 in Regensburg stattfand, wurde auch über merkwürdige Moleküle berichtet, die in den Tiefen des Weltraums vorhanden waren und nur spektroskopisch nachgewiesen werden konnten. Man vermutete, daß diese Moleküle aus einer fußballförmigen Anordnung von jeweils 60 Kohlenstoffatomen bestünden und nannte sie nach dem ebenso geformten «geodätischen Dom» von Richard Buckminster Fuller «Buckminsterfullerene». Hätte einer der Zuhörer in die Zukunft sehen können und bekanntgegeben, daß man die exotischen Moleküle fünf Jahre später in beliebigen Mengen in Flaschen kaufen könnte – der Hellseher wäre wohl Gefahr gelaufen, sich auf der gegenüberliegenden Seite der Universitätsstraße im Bezirkskrankenhaus wiederzufinden. Niemand konnte voraussehen, daß die Heidelberger Arbeitsgruppe um Wolfgang Krätschmer im Mai 1990 ein Verfahren entdekken würde, das die Synthese von «Buckyballs» im Großmaßstab zum Kinderspiel und die Fullerenchemie zur Goldgrube werden ließ. Noch viel weniger konnte man ahnen, daß mit Metallionen «dotierte» Fullerene auf dem Gebiet der Supraleitung alle Rekorde brechen würden.

Auch die Geschwindigkeit der zukünftigen Entwicklung ist kaum abzuschätzen – selbst wenn man die Richtung erkannt hat. H. G. Wells[10], der mit einer Reihe von qualitativen Prognosen absolut richtig lag, schrieb im Jahre 1901, noch vor dem Jahr 2000, vielleicht sogar vor 1950 werde es Flugzeuge geben. Qualitativ richtig, quantitativ um den Faktor 25 falsch.

Angenommen, die technische Seite der prognostizierten Entwicklung der Nanotechnologie ist wenigstens qualitativ korrekt und es kommt in fünfzig oder hundert oder zweihundert Jahren dazu, daß Werkstoffe Atom für Atom konstruiert werden können; angenommen, die friedliche Nutzung der Nanotechnologie floriert und militärischer Mißbrauch wird wirkungsvoll unterdrückt; angenommen, die Erde wird nicht, wie ein anderer Autor vorschlug[11], von einem intergalaktischen Straßenbaukommando gesprengt – können wir heute die Auswirkungen abschätzen, die eine «nanotechnologische Revolution» auf die Alltagstechnik und die Gesellschaft haben wird? So nützlich auch Drexlers Szenarien als Phantasiebeflügler sein mögen, wenn es um die Frage geht, wie die Zukunft aussehen könnte, so wenig erlauben sie uns eine umfassende Prognose, wie es tatsächlich kommen wird – das verhindert schon die Chaos-Theorie.

Einige der Teilprognosen sind relativ gesichert. Energie brauchte zum Beispiel kein knappes Gut zu sein, wenn wir die technischen Voraussetzungen hätten, um die Sonnenenergie wirkungsvoll zu nutzen. Die Entwicklung einer umweltfreundlichen globalen Energieversorgung auf Solarbasis allein wäre schon eine revolutionäre Auswirkung der neuen Technologie, und eine, deren Vorteil wohl auf ungeteilten Beifall stoßen würde.

10 Herbert George Wells (1866–1946), englischer Schriftsteller, vor allem bekannt als Autor der ersten modernen Science-Fiction-Erzählungen und -Romane, darunter *The Time Machine* (1895) und *The War of the Worlds* (1898).

11 Douglas Adams in *The Hitch-Hiker's Guide to the Galaxy*.

Anders sieht es mit den von Drexler prognostizierten Umwälzungen im Produktionsbereich aus. Im Spannungsfeld zwischen Wissenschaft, Wirtschaft und Politik lassen sich kaum zuverlässige Prognosen stellen, und jede technologische Revolution stellt gleichzeitig ein Konfliktpotential und gesellschaftlichen Zündstoff dar.

Vermutlich wird es – sobald die neue Technik traditionelle Arbeitsplätze gefährdet – zu sozialen Spannungen und politischem Dissens kommen. Heutige Entwicklungsländer könnten mit der neuen Technologie zu Weltmächten werden. Die Störung politischer Gleichgewichte sowohl auf globaler wie auch auf nationaler und regionaler Ebene kann einerseits zu Katastrophen, andererseits aber auch zu positiven Neuerungen führen. Aber vorhersagen läßt sich das nicht. Völlig unvorhersehbar ist auch, wie erfolgreich sich die neuartigen Produkte im Markt durchsetzen können, etwa in Konkurrenz zu ähnlich leistungsfähigen biotechnischen Produkten oder im Vergleich mit den Produkten einer anderen Technologieform, von deren Möglichkeit wir heute noch ebensowenig ahnen, wie vergangene Generationen etwa die Entdeckung der Supraleitung vorhersehen konnten.

Professionelle Vorhersage-Experten sind aus allen diesen Gründen gewöhnlich sehr zurückhaltend. So schreibt eine von der britischen Regierung in Auftrag gegebene und im Frühjahr 1995 veröffentlichte Serie von Studien, welche die Forschungsziele und Entwicklungen in 15 Bereichen – von der Landwirtschaft bis zur Computerwissenschaft – bis zum Jahr 2010 erahnen sollen, im wesentlichen sehr vorsichtig die Gegenwart fort. Bankgeschäfte vom Heimcomputer aus, Einkaufsbummel in Virtual Reality, das persönliche Schadstoffmeßgerät für die Westentasche oder genmanipulierte Bäume, die Holz mit erwünschten Eigenschaften liefern, all das ist mit heutiger Technik prinzipiell machbar und wird vermutlich nicht noch 15 Jahre auf sich warten lassen.

Revolutionen sind in diesen (wie auch in früheren) Berichten einfach nicht vorgesehen. Doch sie werden – in dem Punkt ist K. E. Drexler sicherlich eher zu glauben – sicher stattfinden. Vielleicht nicht so, wie er sie sich ausmalt, vielleicht früher oder später oder in einer ganz anderen Richtung, aber Technologie und Alltagsleben werden sich auch in Zukunft ändern, so wie sie sich in der jüngsten Vergangenheit durch die Verbreitung von Autos, Flugzeugen, Computern etc. verändert haben.

Doch auch wenn die nanotechnologische Revolution im Alltagsleben noch auf sich warten läßt und noch einige Generationen ihre Wände von

Hand streichen müssen – es wäre uns schon viel geholfen, wenn es gelänge, molekulare Motoren mit der Effizienz unserer Muskelmoleküle, Datenspeicher mit der Kapazität der DNA und ein Verfahren zur Stickstoffreduktion bei Normaldruck und Zimmertemperatur zu finden. Denn das, so hat uns die Natur gelehrt, ist machbar.

V. Anhang

V. Anhang

Glossar

Actin: Ein lösliches Protein, Hauptbestandteil der dünnen Filamente in den Muskelzellen.

AFM (engl. *atomic force microscopy*, Rasterkraftmikroskopie): Abwandlung der Rastertunnelmikroskopie (siehe STM). Die zu untersuchende Oberfläche wird mechanisch abgetastet.

Archaebakterien (Archaea): Neben Eukaryonten (Eukarya) und Eubakterien (Bacteria) eines der drei Urreiche des Lebens.

Assembler: (Nano-) Maschinen, die Atome zu Molekülen oder Werkstoffen zusammensetzen können.

ATP (Adenosintriphosphat): Ein Nukleotid, das der Zelle als wichtigster Träger chemischer Energie dient. Diese wird freigesetzt, wenn die äußerste der drei Phosphatgruppen enzymatisch abgespalten wird, so daß Adenosindiphosphat (ADP) entsteht.

Biolumineszenz: Erzeugung von Licht aus Stoffwechselenergie, kommt nicht nur bei Glühwürmchen, sondern auch in mehreren Quallen- und Fischarten vor.

Cyclodextrine: Abbauprodukte der Stärke, bestehend aus 6, 7 oder 8 ringförmig verbundenen Glucosemolekülen. Die Innendurchmesser betragen 0,5–0,8 nm.

Dendrimere: Baumartig verzweigte Polymere.

Enzym: Protein mit katalytischer Wirkung.

Eubakterien: Siehe Archaebakterien.

Eukaryonten: Siehe Archaebakterien.

Glaszustand: Extrem zähflüssiger, durch Unterkühlen erreichter Zustand, der an der Umwandlung in den kristallinen Feststoff gehindert ist.

Haber-Bosch-Verfahren: Großtechnisches Verfahren zur Synthese von Ammoniak aus den Elementen (Stickstoff und Wasserstoff) unter Verwendung hoher Drücke in Anwesenheit von Schwermetall-Katalysatoren.

Helix: Schraubenartig gewundene Struktur. Kommt häufig in Proteinen (α-Helix) und in Nukleinsäuren (Doppelhelix) vor.

Hydrophobe Wechselwirkung: Zusammenlagerungstendenz wassermeidender Moleküle oder Molekülteile.

Immunoglobulin G: Häufigste Antikörperklasse im Serum.

Insulin: Peptidhormon aus 51 Aminosäuren, wirkt blutzuckersenkend.

Ionenkanäle: Poren in der Zellmembran, die den (kontrollierten) Durchtritt von Ionen erlauben.

Katalyse: Beschleunigung einer chemischen Reaktion durch Absenkung der Energiebarriere.

Kinesin: Ein Motorprotein, das sich an den Mikrotubuli entlangbewegen und so ganze Organzellen transportieren kann.

Kronenäther: Ringförmige Polyäther, die mit ihren nach innen gerichteten Sauerstoffatomen Metallionen binden können.

Langmuir-Blodgett-Film: Monomolekulare Schicht, die von einer Flüssigkeitsgrenzfläche auf einen festen Untergrund übertragen wird.

Levinthal-Paradox: Wenn entfaltete Proteinketten bei der Suche nach der richtigen Anordnung alle möglichen Anordnungen ausprobieren müßten, dauerte die Faltung eines mittelgroßen Proteins länger als das Alter des Universums.

Lysozym: Aus Hühnereiweiß zu isolierendes Enzym, das Bakterien abtötet, indem es ihre Zellwände zerstört.

Magnetotaktische Bakterien: Bakterien, die sich im Magnetfeld orientieren können.

Molekulare Anstandsdamen: Proteine, die entfalteten oder neu synthetisierten Proteinen bei der Strukturbildung helfen, indem sie falsche Wechselwirkungen unterbinden.

Myosin: Motorprotein des Muskels.

Nanometer: 10^{-9} in milliardstel) Meter oder ein millionstel Millimeter.

Nanoröhren: Röhren, deren Innendurchmesser im Nanometerbereich liegt.

Nitrogenase: Ein Enzym der Knöllchenbakterien, das die chemische Bindung (Fixierung) des Stickstoffs aus der Luft katalysiert.

NMR (engl. *nuclear magnetic resonance spectroscopy*): Methode zur Untersuchung von Struktur und Dynamik von Molekülen, beruhend auf den magnetischen Eigenschaften der Atomkerne und deren Anregbarkeit durch Radiowellen.

Organellen: Unterabteilungen der Zelle, z.B. die für die Photosynthese in der Pflanzenzelle zuständigen Chloroplasten.

Peptide: Moleküle, die aus Aminosäuren aufgebaut sind.

Proteasom: Multienzym-Komplex, der den Abbau von Proteinen in einzelne Aminosäuren katalysiert.

Proteinasen: Enzyme, die Proteine abbauen können.

Q-Teilchen: Nanometergroße Halbleiterpartikel.

Rasterkraftmikroskopie: Siehe AFM.

Rastertunnelmikroskopie: Siehe STM.

Replikator: Eine (Nano-)Maschine, die Kopien ihrer selbst anfertigen kann.

Ribosom: Komplex aus zahlreichen Proteinen und mehreren RNA-Strängen, der die Synthese von Proteinen anhand der von der Boten-RNA vorgegebenen Sequenz durchführt.

STM (engl. *scanning tunneling microscopy*, Rastertunnelmikroskopie): Von Binnig und Rohrer entwickelte Methode, eine Oberfläche mit Nanometer-Genauigkeit abzutasten, indem man die Ströme mißt, die aufgrund des quantenmechanischen Tunneleffekts zwischen der Oberfläche und der Sonde fließen.

Tabakmosaikvirus (TMV): Stäbchenförmiger Pflanzenvirus, der als klassisches Modellsystem für die Untersuchung der Selbstorganisation dient.

Literaturhinweise

Bücher

Antiquarisches

Paul de Kruif: Mikrobenjäger. Orell Füssli, Zürich 1927.

Arnold Münster: Riesenmoleküle. Herder, Freiburg 1952.

Biochemie

Thomas E. Creighton: Proteins. Structures and molecular properties (2. Auflage). W.H. Freeman and Co., New York 1993.

Max Perutz: Protein structure. New approaches to disease and therapy. W.H. Freeman and Co., New York 1992.

Lubert Stryer: Biochemie (4. Auflage). Spektrum Akademischer Verlag, Heidelberg 1991.

Fullerene

Joachim Dettmann: Fullerene. Die Buckyballs erobern die Chemie. Birkhäuser, Basel 1994.

Nanotechnologie

K. Eric Drexler, Chris Peterson, Gayle Pergamit: Experiment Zukunft. Die nanotechnologische Revolution. Addison-Wesley, Bonn 1994.

Ed Regis: Nano. Remaking the world atom by atom. Bantam Books, New York 1995.

Fachbibliographie zu den Beiträgen in Teil II und III

II. Das unerreichte Vorbild: Die Zelle als nanotechnologischer Großbetrieb

Proteine – die Nanomaschinen der Zelle

Molekulare Motoren in Aktion: Endlich Bewegung in der Muskelforschung

Allen, B.G. und Walsh, M.P. (1994): The biochemical basis of smooth-muscle contraction. Trends in Biochemical Sciences 19, S. 362–363.

Finer, J.T., Simmons, R.M. und Spudich, J.A. (1994): Single myosin molecule mechanics: piconewton forces and nanometer steps. Nature 368, S. 113–119.

Rayment, I. und Holden, H.M. (1994): The three-dimensional structure of a molecular motor. Trends in Biochemical Sciences 19, S. 129–134.

Rayment, I., Holden, H.M., Whittaker, M., Yohn, C.B., Lorenz, M., Holmes, K.C. und Milligan, R.A. (1993): Structure of the actin-myosin complex and its implications for muscle contraction. Science 261, S. 58–65.

Rayment, I., Rypniewski, W.R., Schmidt-Bäse, K., Smith, R., Tomchick, D.R., Benning, M.M., Winkelmann, D.A., Wesenberg, D. und Holden, H.M. (1993): Three-dimensional structure of myosin subfragment-1: A molecular motor. Science 261, S. 50–58.

Schnapp, B.J. (1995): Molecular motors: Two heads are better than one. Nature 373, S. 655–656.

Schuster, S.C. (1994): The bacterial flagellar motor. Annual Reviews of Biophysics and Biomolecular Structure 23, S. 509–539.

Spudich, J.A. (1994): How molecular motors work. Nature 372, S. 515–518.

Svoboda, K., Schmidt, C.F., Schnapp, B.J. und Block, S.M. (1993): Direct observation of kinesin stepping by optical trapping interferometry. Nature 365, S. 721–727.

Taylor, E.W. (1993): Molecular muscle. Science 261, S. 35–36.

Xie, X., Harrison, D.H., Schlichting, I., Sweet, R.M., Kalabokis, V.N., Szent-Györgyi, A.G. und Cohen, C. (1994): Structure of the regulatory domain of scallop myosin at 2.8 Å resolution. Nature 368, S. 306–312.

Düngemittel aus der Luft: Die Wege der Natur sind eleganter als das Haber-Bosch-Verfahren

Georgiadis, M.M., Komiya, H., Chakrabarti, P., Woo, D., Kornuc, J.J. und Rees, D.C. (1992): Crystallographic structure of the nitrogenase iron protein from Azotobacter vinelandii. Science 257, S. 1653–1659.

Kim, J. und Rees, D.C. (1992): Crystallographic structure and functional implications of the nitrogenase molybdenum-iron protein from Azotobacter vinelandii. Nature 360, S. 553–560.

Kim, J. und Rees, D.C. (1992): Structural models for the metal centers in the nitrogenase molybdenum-iron protein. Science 257, S. 1677–1682.

Orme-Johnson, W.H. (1992): Nitrogenase structure: Where to now? Science 257, S. 1639–1640.

Rees, D.C. (1993): Dinitrogen fixation by nitrogenase: if N_2 isn't broken, it can't be fixed. Current Opinion in Structural Biology 3, S. 921–928.

Thorneley, R.N.F. (1992): Nitrogen fixation: New light on nitrogenase. Nature 360, S. 532–533.

Wenn Strukturbilder laufen lernen: Schnappschüsse einer Enzymreaktion

Goody, R.S., Schlichting, I. und Pai, E.F. (1990): Eine neue Dimension in der Proteinkristallographie. Nachrichten aus Chemie, Technik und Laboratorium 38, S. 842–850.

Verschueren, K.H.G., Seljee, F., Rozeboom, H.J., Kalk, K.H. und Dijkstra, B.W. (1993): Crystallographic analysis of the catalytic mechanism of haloalkane dehalogenase. Nature 363, S. 693–698.

Maßgeschneiderte Kristalle: Proteine erkennen Kristalloberflächen und steuern deren Wachstum

Addadi, L. und Weiner, S. (1992): Kontroll- und Design-Prinzipien bei der Biomineralisation. Angewandte Chemie 104, S. 159–176.

Groß, M. (1995): Molecular recognition: Crystallographic antibodies. Nature 373, S. 105–106.

Hanein, D., Geiger, B. und Addadi, L. (1994): Differential adhesion of cells to enantiomorphous crystal surfaces. Science 263, S. 1413–1416.

Kam, M., Perl-Treves, D., Caspi, D. und Addadi, L. (1992): Antibodies against crystals. FASEB Journal 6, S. 2608–2613.

Kam, M., Perl-Treves, D., Sfez, R. und Addadi, L. (1994): Specificity in the recognition of crystals by antibodies. Journal of Molecular Recognition 7, S. 257–264.

Vom Gen zum Protein

Die Sprache der Gene: Methoden der Linguistik helfen bei der Entschlüsselung der Erbsubstanz

Pesole, G., Attimonelli, M. und Saccone, C. (1994): Linguistic approaches to the analysis of sequence information. Trends in Biotechnology 12, S. 401–408.

Fünf Minuten Frist für einen lebenswichtigen Auftrag: Das kurze Leben eines Insulinmoleküls

Nierhaus, K.H. (1990): The allosteric three-site model for the ribosomal elongation cycle: features and future. Biochemistry 29, S. 4997–5008.

Wittmann, H.-G. (1989): Ribosomen und Proteinbiosynthese. Biological Chemistry Hoppe-Seyler 370, S. 87–99.

Bezüglich Aufbau und Wirkungsweise des Insulins siehe z.B. L. Stryer: Biochemie.

Kompaßnadeln auf dem Faltungsweg: Kernresonanzspektroskopie hilft, die Entstehung der Raumstruktur von Proteinen zu verstehen

Dobson, C.M., Evans, P.A. und Radford, S.E. (1994): Understanding how proteins fold: the lysozyme story so far. Trends in Biochemical Sciences 19, S. 31–37.

Miranker, A., Radford, S.E., Karplus, M. und Dobson, C.M. (1991): An NMR demonstration of folding domains in lysozyme. Nature 349, S. 633–636.

Miranker, A., Robinson, C.V., Radford, S.E., Aplin, R.T. und Dobson, C.M. (1993): Detection of transient protein folding populations by mass spectrometry. Science 262, S. 896–899.

Radford, S.E., Dobson, C.M. und Evans, P.A. (1992): The folding of hen lysozyme involves partially structured intermediates and multiple pathways. Nature 358, S. 302–307.

Smith, L.J., Sutcliffe, M.J., Redfield, C. und Dobson, C.M. (1993): Structure of hen lysozyme in solution. Journal of Molecular Biology 229, S. 930–944.

Öl in Wasser: Die Rolle der hydrophoben Wechselwirkung in der Diskussion

Doig, A.J. und Williams, D.H. (1991): Is the hydrophobic effect stabilizing or destabilizing in proteins? The contribution of disulfide bonds to protein stability. Journal of Molecular Biology 217, S. 389–398.

Muller, N. (1992): Does the hydrophobic hydration destabilize protein native structures. Trends in Biochemical Sciences 17, S. 459–463.

Woolfson, D.N., Cooper, A., Harding, M.M., Williams, D.H. und Evans, P.A. (1993): Protein folding in the absence of the solvent ordering contribution to the hydrophobic interaction. Journal of Molecular Biology 229, S. 502–511.

Geleitschutz für heranwachsende Proteine: Molekulare Anstandsdamen verhindern gefährliche Liebschaften

Buchner, J., Schmidt, M., Fuchs, M., Jaenicke, R., Rudolph, R., Schmid, F.X. und Kiefhaber, T. (1991): GroE facilitates refolding of citrate synthase by suppressing aggregation. Biochemistry 30, S. 1586–1591.

Jaenicke, R. (1993): Role of accessory proteins in protein folding. Current Opinion in Structural Biology 3, S. 104–112.

Landry, S. und Gierasch, L. (1994): Polypeptide interactions with molecular chaperones and their relationship to in vivo protein folding. Annual Reviews of Biophysics and Biomolecular Structure 23, S. 645–669.

Langer, T., Lu, C., Echols, H., Flanagan, J., Hayer, M.K. und Hartl, F.U. (1992): Successive action of DnaK, DnaJ and GroEL along the pathway of chaperone-mediated protein folding. Nature 356, S. 683–689.

Langer, T., Pfeifer, G., Martin, J., Baumeister, W. und Hartl, F.U. (1992): Chaperonin-mediated protein folding: GroES binds to one end of the GroEL cylinder, which accommodates the protein substrate within its central cavity. EMBO Journal 11, S. 4757–4765.

Martin, J., Geromanos, S., Tempst, P. und Hartl, F.U. (1993): Identification of nucleotide-binding region in the chaperonin proteins GroEL and GroES. Nature 366, S. 279–282.

Martin, J., Langer, T., Boteva, R., Schramel, A., Horwich, A.L. und Hartl, F.U. (1991): Chaperonin-mediated protein folding at the surface of GroEL through a ‹molten globule›-like intermediate. Nature 352, S. 36–42.

Martin, J., Mayhew, M., Langer, T. und Hartl, F.U. (1993): The reaction cycle of GroEL and GroES in chaperonin-assisted protein folding. Nature 366, S. 228–233.

Saibil, H.R. et al. (1993): ATP induces large quaternary rearrangements in a cage-like chaperonin structure. Current Biology 3, S. 265–273.

Faß mit Fenstern: Erstmals ist die Struktur eines molekularen Chaperons in atomarer Auflösung bestimmt worden

Braig, K., Otwinowski, Z., Hegde, R., Boisvert, D., Joachimiak, A., Horwich, A. und Sigler, P. (1994): The crystal structure of the bacterial chaperonin GroEL at 2.8 Å. Nature 371, S. 578–586.

Chen, S., Roseman, A., Hunter, A., Wood, S., Burston, S., Ranson, N., Clarke, A. und Saibil, H. (1994): Location of a folding protein and shape changes in GroEL-GroES complexes imaged by cryo-electron microscopy. Nature 371, S. 261–264.

Frydman, J., Nimmesgern, E., Ohtsuka, K. und Hartl, F.U. (1994): Folding of nascent polypeptide chains in a high molecular mass assembly with molecular chaperones. Nature 370, S. 111–117.

Landry, S. und Gierasch, L. (1994): Polypeptide interactions with molecular chaperones and their relationship to in vivo protein folding. Annual Reviews of Biophysics and Biomolecular Structure 23, S. 645–669.

Robinson, C.V., Groß, M., Eyles, S.J., Ewbank, J.J., Mayhew, M., Hartl, F.U., Dobson, C.M. und Radford, S.E. (1994): Conformation of GroEL-bound α-lactalbumin probed by mass spectrometry. Nature 372, S. 646–651.

Schmidt, M., Bücheler, U., Kaluza, B. und Buchner, J. (1994): Correlation between the stability of the GroEL-protein ligand complex and the release mechanism. Journal of Biological Chemistry 269, S. 27964–27972.

Schmidt, M., Buchner, J., Todd, M.J., Lorimer, G.H. und Viitanen, P.V. (1994): On the role of GroES in the chaperonin-assisted folding reaction. Journal of Biological Chemistry 269, S. 10304–10311.

Schmidt, M., Rutkat, K., Rachel, R., Pfeifer, G., Jaenicke, R., Viitanen, P., Lorimer, G. und Buchner, J. (1994): Symmetric complexes of GroE chaperonins as part of the functional cycle. Science 265, S. 656–659.

Staniforth, R.A., Burston, S.G., Atkinson, T. und Clarke, A.R. (1994): Affinity of chaperonin-60 for a protein substrate and its modulation by nucleotides and chaperonin-10. Biochemical Journal 300, S. 651–658.

Wertstoff-Recycling in der Zelle: Erste Einblicke in die Funktionsweise des Proteasoms

Ciechanover, A. und Schwartz, A.L. (1994): The ubiquitin-mediated proteolytic pathway: mechanisms of recognition of the proteolytic substrate and involvement in the degradation of native cellular proteins. FASEB Journal 8, S. 182–191.

Goldberg, A.L. (1995): Functions of the proteasome: the lysis at the end of the tunnel. Science 268, S. 522–523.

Löwe, J., Stock, D., Jap, B., Zwickl, P., Baumeister, W. und Huber, R. (1995): Crystal structure of the 20S proteasome from the archaeon T. acidophilum at 3.4 Å resolution. Science 268, S. 533–539.

Peters, J.-M. (1994): Proteasomes: protein degradation machines of the cell. Trends in Biochemical Sciences 19, S. 377–382.

Seemüller, E., Lupas, A., Stock, D., Löwe, J., Huber, R. und Baumeister, W. (1995): Proteasome from Thermoplasma acidophilum: a threonine protease. Science 268, S. 579–582.

Weissman, J.S., Sigler, P.B. und Horwich, A.L. (1995): From the cradle to the grave: ring complexes in the life of a protein. Science 268, S. 523–524.

Wenzel, T. und Baumeister, W. (1995): Conformational constraints in protein degradation by the 20S proteasome. Nature structural biology 2, S. 199–204.

Zwickl, P., Kleinz, J. und Baumeister, W. (1994): Critical elements in proteasome assembly. Nature structural biology 1, S. 765–769.

Gute, böse und kuriose Zellen

Orientierungshilfe für Einzeller: Magnetotaktische Bakterien wissen, wo's lang geht

Blakemore, R.P. (1982): Magnetotactic bacteria. Annual Reviews of Microbiology 36, S. 217–238.

Sakaguchi, T., Burgess, J.G. und Matsunaga, T. (1993): Magnetite formation by a sulphate-reducing bacterium. Nature 365, S. 47–49.

Williams, R.J.P. (1990): Biomineralization: Iron and the origin of life. Nature 343, S. 213–214.

Laßt die Bäume leben: Das Krebsmittel Taxol kann jetzt auch synthetisch hergestellt werden

Holton, R.A. et al. (1994): First total synthesis of taxol. 1. Functionalization of the B ring. Journal of the American Chemical Society 116, S. 1597–1598.

Holton, R.A. et al. (1994): First total synthesis of taxol. 2. Completion of the C and D rings. Journal of the American Chemical Society 116, S. 1599–1600.

Kingston, D.G. (1994): Taxol: the chemistry and structure-activity relationship of a novel anticancer agent. Trends in Biotechnology 12, S. 222–227.

Nicolaou, K.C., Yang, Z., Liu, J.J., Ueno, H., Nantermet, P.G., Guy, R.K., Claiborne, C.F., Renaud, J., Couladouros, E.A., Paulvannan, K. und Sorensen, E.J. (1994): Total synthesis of taxol. Nature 367, S. 630–634.

Mikrobenjäger in der Klemme: Die rasante Ausbreitung von Antibiotikaresistenzen macht die Suche nach Alternativen zum Dringlichkeitsfall

Bevins, C.L. und Zasloff, M. (1990): Peptides from frog skin. Annual Reviews of Biochemistry 59, S. 395–414.

Coyette, J. et al. (1994): Molecular adaptations in resistance to penicillins and other ß-lactam antibiotics. Advances in Comparative and Environmental Physiology 20, S. 233–267.

Davies, J. (1994): Inactivation of antibiotics and the dissemination of resistance genes. Science 264, S. 375–382.

Mor, A. und Nicolas, P. (1994): Isolation and structure of novel defensive peptides from frog skin. European Journal of Biochemistry 219, S. 145–154.

Strynadka, N.C.J. et al. (1994): Structural and kinetic characterization of a β-lactamase-inhibitor protein. Nature 368, S. 657–660.

Valigra, L. (1994): Engineering the future of antibiotics. New Scientist (30.4.1994), S. 25–27.

Webb, V. und Davies, J. (1994): Accidental release of antibiotic-resistance genes. Trends in Biotechnology 12, S. 74–75.

III. Aufbruch in die Nanowelt: Biotechnik, supramolekulare Chemie und Kolloidchemie als Wegbereiter der Nanotechnologie

Vom Molekül zum Supramolekül

Der kleinste Baum der Welt: Polymerisation mit verzweigten Bausteinen ergibt fraktale Moleküle mit interessanten Eigenschaften

Breitenbach, J. (1993): Dendrimere – neue Sterne am Himmel der Chemie. Spektrum der Wissenschaft Nr. 9, S. 26–30.

Hodge, P. (1993): Organic chemistry: Polymer science branches out. Nature 362, S. 18–19.

Issberner, J., Moors, R. und Vögtle, F. (1994): Dendrimere: von Generationen zu Funktionalitäten und Funktionen. Angewandte Chemie 106, S. 2507–2514.

Jansen, J.F.G.A., de Brabander-van den Berg, E.M.M. und Meijer, E.W. (1994): Encapsulation of guest molecules into a dendritic box. Science 266, S. 1226–1229.

Knapen, J.W.J. et al. (1994): Homogeneous catalysts based on silane dendrimers functionalized with arylnickel(II) complexes. Nature 372, S. 659–663.

Mekelburger, H.-B., Jaborek, W. und Vögtle, F. (1992): Dendrimere, Arborole und Kaskadenmoleküle: Aufbruch zu neuen Materialien im Generationentakt. Angewandte Chemie 104, S. 1609–1614.

Tomalia, D.A. und Dvornic, P.R. (1994): Catalysis: What promise for dendrimers? Nature 372, S. 617–618.

Tomalia, D.A., Naylor, A.M. und Goddard, W.A. (1990): Starburst-Dendrimere: Kontrolle von Größe, Gestalt, Oberflächenchemie, Topologie und Flexibilität beim Übergang von Atomen zu makroskopischer Materie. Angewandte Chemie 102, S. 119–157.

Ein Tunnel durch die Zellmembran: Zu Nanoröhren aufgestapelte Peptidringe bilden synthetische Ionenkanäle

Echegoyen, L. (1994): Synthetic chemistry: Not through the usual channels. Nature 369, S. 276–277.

Ghadiri, M.R., Granja, J.R. und Buehler, L.K. (1994): Artificial transmembrane ion channels from self-assembling peptide nanotubes. Nature 369, S. 301–304.

Ghadiri, M.R., Granja, J.R., Milligan, R.A., McRee, D.E. und Khazanovich, N. (1993): Self-assembling organic nanotubes based on a cyclic peptide architecture. Nature 366, S. 324–327.

Nicht nur Salz und Soda: Auch eine Doppelhelix kann das vermeintlich harmlose Natriumion aufbauen helfen

Bell, T.W. und Jousselin, H. (1994): Self-assembly of a double-helical complex of sodium. Nature 367, S. 441–444.

Constable, E.C. (1994): Sodium springs a surprise. Nature 367, S. 415–416.

Molekulare Knoten: Topologische Chemie ist keine Hexerei

Amabilino, D.B. et al. (1994): Olympiadan. Angewandte Chemie 106, S. 1316–1319.

Bissell, R.A., Cordova, E., Kaifer, A.E. und Stoddart, J.F. (1994): A chemically and electrochemically switchable molecular shuttle. Nature 369, S. 133–137.

Dietrich-Buchecker, C.O. et al. (1993): Catenane mit makrobicyclischer Zentraleinheit. Angewandte Chemie 105, S. 1526–1529.

Dietrich-Buchecker, C.O. et al (1990): Struktur einer an zwei Kupfer(I)-Zentren koordinierten Kleeblattknoten-Verbindung. Angewandte Chemie 102, S. 1202–1204.

Molekulare Gerüste, Elektronen-Autobahnen und Bio-Computer: DNA als Werkstoff

Chen, J. und Seeman, N.C. (1991): Synthesis from DNA of a molecule with the connectivity of a cube. Nature 350, S. 631–633.

Clery, D. (1995): DNA goes electric. Science 267, S. 1270.

Lipton, R.J. (1995): DNA solution of hard computational problems. Science 268, S. 542–545.

Meade, T.J. und Kayyem, J.F. (1995): Elektronenübertragung in DNA: Ruthenium-Elektronendonor- und acceptor-Komplexe als ortsspezifische Modifikationen doppelsträngiger DNA. Angewandte Chemie 107, S. 358–360.

Zhang Y. und Seeman N.C. (1994). Journal of the American Chemical Society 116, S. 1661.

Wege zu künstlichen Enzymen: Synthetische Supramoleküle machen den katalytischen Antikörpern Konkurrenz

Anderson, H.L., Bashall, A., Henrick, K., McPartlin, M. und Sanders, J.K.M. (1994): Kristallstruktur eines durch π-π Wechselwirkungen zwischen zwei ineinandergehakten cyclischen Zink-Porphyrin-Trimeren gebildeten supramolekularen Dimers. Angewandte Chemie 106, S. 445–447.

Hirschmann, R. et al. (1994): Peptide synthesis catalyzed by an antibody containing a binding site for variable amino acids. Science 265, S. 235–237.

Kirby, A.J. (1994): Die Nachahmung von Enzymen. Angewandte Chemie 106, S. 573–576.

Koshland, D.E. (1994): Das Schlüssel-Schloß-Prinzip und die Induced-fit-Theorie. Angewandte Chemie 106, S. 2468–2472.

Lichtenthaler, F.W. (1994): 100 Jahre Schlüssel-Schloß-Prinzip: Was führte Emil Fischer zu dieser Analogie? Angewandte Chemie 106, S. 2456–2467.

Lindoy, L.F. (1994): Molecular architecture: Towards synthetic enzymes. Nature 368, S. 96.

Walter, C.J. und Sanders, J.K. (1995): Das Gibbs-Energie-Profil einer Wirt-beschleunigten Diels-Alder-Reaktion: die Gründe für die exo-Selektivität. Angewandte Chemie 107, S. 223–225.

Zhou, G.W., Guo, J., Huang, W., Fletterick, R. und Scanlan, T.S. (1994): Crystal structure of a catalytic antibody with a serine protease active site. Science 265, S. 1059–1064.

Proteine nach Maß: De-novo-Design bringt erste Erfolge

Brenner, S.E. und Berry, A. (1994): A quantitative methodology for the de novo design of proteins. Protein Sci. 3, S. 1871–1882.

Ghadiri, M.R. und Case, M.A. (1993): De-novo-Design eines neuartigen heterodinuclearen Metalloproteins mit drei parallelen («gebündelten») Helices. Angewandte Chemie 105, S. 1663–1666.

Kraatz, H.-B. (1994): Designer-Proteine: über die Kunst, De-novo-Metalloproteine zu synthetisieren. Angewandte Chemie 106, S. 2143–2144.

Pessi, A. et al. (1993): A designed metal-binding protein with a novel fold. Nature 362, S. 367–369.

Robertson, D.E. et al. (1994): Design and synthesis of multi-haem proteins. Nature 368, S. 425–432.

Dünne Schichten und kleine Teilchen

Hauchdünne Flickenteppiche: Ein Stempeltrick führt die Nanotechnik in die Biowissenschaften ein

Bunker, B.C. et al. (1994): Ceramic thin-film formation on functionalized interfaces through biomimetic processing. Science 264, S. 48–55.

Connolly, P. (1994): Bioelectronic interfacing: micro- and nanofabrication techniques for generating pre-determined molecular arrays. Trends in Biotechnology 12, S. 123–127.

Edgington, S.M. (1994): Biotech's new nanotools. Bio/technology 12, S. 468–471.

Knobler, C.M. (1994): Technology: A microstamp of approval. Nature 369, S. 15–16.

López, G.P. et al. (1993): Imaging of features on surfaces by condensation figures. Science 260, S. 647–649.

Singhvi, R. et al. (1994): Engineering cell shape and function. Science 264, S. 696–698.
Whitesell, J.K. und Chang, H.K. (1993): Directionally aligned helical peptides on surfaces. Science 261, S. 73–76.
Whitesell, J.K. et al. (1994): Enzymatische Glättung dünner organischer Schichten. Angewandte Chemie 106, S. 921–925.
Zasadzinski J.A. et al. (1994): Langmuir-Blodgett films. Science 263, S. 1726–1733.

Teilst du mich, dann verfärb ich mich: Q-Teilchen sind anders als normale Materialien
Kastner, M.A. (1993): Artificial Atoms. Physics today 46, S. 24–31.
Weller, H. (1993): Kolloidale Halbleiter-Q-Teilchen: Chemie im Übergangsbereich zwischen Festkörper und Molekül. Angewandte Chemie 105, S. 43–55.
Weller, H. (1993): Quantized semiconductor particles: a novel state of matter for materials science. Advanced Materials 5, S. 88–95.

Biotechnologie

Das falsche Produkt: Lesefehler bei der gentechnischen Herstellung von Proteinen sind schwer zu vermeiden
Rosenberger, R.F. und Holliday, R. (1993): Recombinant therapeutic proteins and translational errors. Trends in Biotechnology 11, S. 498–499.
Santos, M.A.S. und Tuite, M.F. (1993): New insights into mRNA decoding – implications for heterologous protein synthesis. Trends in Biotechnology 11, S. 500–505.
Spirin, A.S., Baranov, V.I., Ryabova, L.A., Ovodov, S.Y. und Alakhov, Y.B. (1988): A continuous cell-free translation system capable of producing polypeptides in high yield. Science 242, S. 1162–1164.

Die Jagd nach der blauen Rose: Zwei Gentech-Firmen wollen «blue genes» zur neuesten Mode machen
Eugster, C.H. und Märki-Fischer, E. (1991): Chemie der Rosenfarbstoffe. Angewandte Chemie 103, S. 671–689.
Holton, T.A. und Tanaka, Y. (1994): Blue roses – a pigment of our imagination? Trends in Biotechnology 12, S. 40–42.

Das Grüne Leuchten: Ein grünfluoreszierendes Protein erleichtert die Untersuchung der Genexpression
Chalfie, M. et al. (1994): Green fluorescent protein as a marker for gene expression. Science 263, S. 802–805.
Cody, C.W. et al. (1993): Chemical structure of the hexapeptide chromophore of the Aequorea green fluorescent protein. Biochemistry 32, S. 1212–1218.
Delagrave, S. et al. (1995): Red-shifted excitation mutants of the green fluorescent protein. Bio/technology 13, S. 151–154.
Heim, R., Cubitt, A.B. und Tsien, R.Y. (1995): Improved green fluorescence. Nature 373, S. 663–664.

Heim, R., Prasher, D.C. und Tsien, R.Y. (1994): Wavelength mutations and posttranslational autoxidation of green fluorescent protein. Proceedings of the National Academie of Science of the U.S.A. 91, S. 12501–12504.

Das hartgedrückte Frühstücksei: Hochdruckbehandlung von Lebensmitteln ist in vielen Bereichen den thermischen Verfahren überlegen

Groß, M. (1992): Hochdruck und Biotechnologie. Nachrichten aus Chemie, Technik und Laboratorium 40, S. 1236–1240.

Groß, M. und Jaenicke, R. (1994): Proteins under pressure: the influence of high hydrostatic pressure on structure, function and assembly of proteins and protein complexes. European Journal of Biochemistry 221, S. 617–630.

Mozhaev, V.V., Heremans, K., Frank, J., Masson, P. und Balny, C. (1994): Exploiting the effects of high hydrostatic pressure in biotechnological applications. Trends in Biotechnology 12, S. 493–501.

Dornröschenschlaf im Glaszustand: Neue Wege zur Langzeithaltbarkeit von Biopräparaten

Franks, F. (1994): Long-term stabilization of biologicals. Bio/technology 12, S. 253–256.

Siehe auch den Sonderteil in Science vom 31.3.1995 («Frontiers in materials science»).

Ausgewählte Literatur zu Teil IV

Bustamente, C., Erie, D.A. und Keller, D. (1994): Biochemical and structural applications of scanning force microscopy. Current Opinion in Structural Biology 4, S. 750–760.

Drexler, K.E. (1994): Molecular nanomachines: Physical principles and implementation strategies. Annual Reviews of Biophysics and Biomolecular Structure 23, S. 377–405.

Drexler, K.E. und Foster, J.S. (1990): Synthetic tips. Nature 343, S. 600.

Gardner, E. (1994): AFM fabricates a tiny transistor. Science 266, S. 543.

Hansma, H.G. und Hoh, J.H. (1994): Biomolecular imaging with the atomic force microscope. Annual Reviews of Biophysics and Biomolecular Structure 23, S. 115–139.

Jones, D.E.H. (1995): Technical boundless optimism. Nature 374, S. 835–837 (Rezension von Nano. Remaking the world atom by atom von Ed Regis).

Müller, W.T. et al. (1995): A strategy for the chemical synthesis of nanostructures. Science 268, S. 272–273.

Ozin, G.A. (1992): Nanochemistry: synthesis in diminishing dimensions. Advanced Materials 4, S. 612–649.

Radmacher, M., Fritz, M., Hansma, H.G. und Hansma, P.K. (1994): Direct observation of enzyme activity with the atomic force microscope. Science 265, S. 1577–1579.

Service, R.F. (1995): The incredible shrinking laboratory. Science 268, S. 26–27.

Stix, G. (1995): Toward «Point One». Scientific American, Februar 1995, S. 72–77.

Thomas, D. (1995): Nanotechnology's many disciplines. Bio/technology 13, S. 439–443.

Index